成长加油站

这样做人人都欢迎我

李 奎 方士华 编著

民主与建设出版社
·北京·

© 民主与建设出版社，2020

图书在版编目（CIP）数据

这样做人人都欢迎我 / 李奎，方士华编著 . -- 北京：
民主与建设出版社，2019.11

（成长加油站）

ISBN 978-7-5139-2424-5

Ⅰ . ①这… Ⅱ . ①李… ②方… Ⅲ . ①人际关系－能
力培养－青少年读物 Ⅳ . ① C912.11-49

中国版本图书馆 CIP 数据核字 (2019) 第 269551 号

这样做人人都欢迎我

ZHE YANG ZUO REN REN DOU HUAN YING WO

出 版 人　李声笑

编著　李　奎　方士华

责任编辑　刘树民

封面设计　大华文苑

出版发行　民主与建设出版社有限责任公司

电话　（010）59417747 59419778

社址　北京市海淀区西三环中路 10 号望海楼 E 座 7 层

邮编　100142

印刷　三河市德利印刷有限公司

版次　2020 年 6 月第 1 版

印次　2020 年 6 月第 1 次印刷

开本　880 毫米 × 1230 毫米 1/32

印张　30

字数　650 千字

书号　ISBN 978-7-5139-2424-5

定价　238.00 元（全 10 册）

注：如有印、装质量问题，请与出版社联系。

　　青少年是祖国的未来，是中华民族的希望。中国的未来属于青少年，中华民族的未来也属于青少年。青少年的理想信念、精神状态、综合素质，是一个国家发展活力的重要体现，也是一个国家核心竞争力的重要因素。

　　随着年龄的增长，青少年开始认识世界，学习各科知识，在这个过程中，他们逐渐熟悉了社会，了解了民风民俗，懂得了道德法律，具备了起码的生存技巧、劳动技能，掌握了一定的科学知识、探索方法，对大自然、对人生也有了一定的看法。

　　这一时期，他们渴望独立的愿望日益变得强烈，与家庭的联系逐渐疏远，对父母的权威产生怀疑，甚至发生反抗行为。他们要摆脱家长和其他成人的监护，摆脱由这些成年人规定的各种形式的束缚。

　　他们对自己充满自信，看不起身边的许多事情，但随着接触社会的增多，他们会逐渐了解到个人只不过是这个大自然中的一部分，个人与他人、社会、自然之间存在着十分复杂的关系，在很多事情面前，个人的能力和作用都是有限的，是要受到制约的。

　　由于一开始过高地估计了自己的能力，致使他们的很多愿望难以实现，由此他们又产生了自危、自惭、自卑、自惑等不良心态，在这种情绪的影响下，有的青少年甚至走上自毁的道路。研究表明，青春期的青少年是最容易激发起斗志的，他们更容易从别人的成功中吸取适合自己的营养，指导他们的行动。

为了正确地引导青少年的成长，使他们培养正确的人生观和世界观，并合理地控制自己的情绪，我们特地编辑了本套"成长加油站"丛书，包括《爸妈不是我的佣人》《办法总比问题多》《再见坏习惯》《做最好的自己》《懒惰，请走开》《做个内心强大的孩子》《这样做人人都欢迎我》《学习是一件快乐的事》《为自己读书》《自己永远是最棒的》共十册书。

本套丛书从兴趣爱好、积极人生、情绪、心智等多个方面入手，分别讲述了如何培养孩子的美德、怎样提高孩子的情商、智商，怎样养成孩子的独立生活能力等诸多问题，旨在引导青少年对成功的渴望，使其发现自身的兴趣所在，快乐、健康地成长，为他们的成长加油！

目录

第一章　把学习当成一种责任

　　人的一生其实就是一个不断学习的过程，我们每个人每天都处于不断地变化之中；而我们只有不断地成长和学习，才能积累经验和智慧，解决问题，克服困难，战胜挑战。

　　把学习当成一种责任，在学习中不盲目、不武断，更容易发挥自己的才智与才华，自然也会与成功走得更近！

掌握正确的学习方法

学习绝不是简单地将信息灌输进自己的头脑里，而是需要掌握不同学科的学习方法，而好的学习方法使我们事半功倍，因此学习一定要掌握正确的方法。

学习方法应该是因人而异的，不是每一个人都适合同一种学习方法，对于青少年来说，选择一种非常适合自己的学习方法，不仅能够让自己的学习成绩很快地提高，更重要的是能在好的学习方法中找到学习的乐趣，从而游刃有余地驾驭学习。

"学习不仅要认真，还要有正确的学习方法"，这句话的含义是很深刻的。换句话来说，倘若把学习比作航船，勤奋则是船上的马达，正确的学习方法便是方向。德国的一位哲学家曾说过："最有价值的知识是关于方法的知识。"

对于青少年来说，学习是一个由浅入深、循序渐进的过程。这个过程有困难也有收获，有苦恼也有喜悦，包含着许多丰富多彩的内容。不管怎样，满意的学习效果无不来源于科学的学习方法。因为明确的学习目的是学习成功的前提；浓厚的学习兴趣是学习成功的动力；正确的学习方法才是学习成功的保证。

古今中外的许多事实已经向世人证明，科学的学习方法将使学习者的才能得到充分的发挥、越学越聪明。爱因斯坦总结自己获得伟大成就的公式是：$W=X+Y+Z$，并解释W代表成功，X代表刻苦努力，Y代表方法正确，Z代表少说空话。

毋庸置疑，良好的学习动机、浓厚的学习兴趣、积极的学习态度、坚强的学习意志，是学习成功的必要条件，而掌握科学的学习方法是取得成功的不二法门。

有这样一则神话故事：

在很久之前，一个非常贫穷的孩子遇到了一位神奇的老人，老人用手指把路旁的一颗小石子点化成金子送给孩子，孩子摇摇头。老人用手指又把一块大石头点化成金子送给他，孩子还是摇了摇头。

老人生气地责问："金山还不要，你要什么？"

孩子不慌不忙地说："我要您把'点石成金'的本领教给我。"

老人一听笑了。

对于青少年来说，我们在学习上需要的也正是这种"点金术"。

事实上，科学的学习方法不能一蹴而就，它需要经历一个由浅入深、由表及里的过程。学习有法，而无定法。

青少年应该找到适合自己的学习方法，然后才能在未来的学习道路上前进得更快，就能达到清末国学大师王国维所述的那样，为学的三种境界：第一种境界："昨夜西风凋碧树，独上高楼，望尽天涯路。"

王国维以这句话形容学海无涯，只有勇于登高远望者才能寻找到自己要达到的目标，只有不畏孤独寂寞，才能探索有成；第二种境界："衣带渐宽终不悔，为伊消得人憔悴。"

王国维以这句话比喻为了寻求真理或追求自己的理想，废寝忘食，夜以继日，就是累瘦了也不觉得后悔；第三种境界："众里寻他千百度，蓦然回首，那人却在灯火阑珊处。"这句话形容经过长期的努力奋斗而无所收获，正值困惑之际，突然获得成功的心情，乃恍然间由失望到愿望达成的欣喜。

因此，青少年如果掌握了正确的学习方法，就会给学习带来高效率和乐趣，从而节省大量的时间；如果学习方法不当，则只会阻碍才能的发挥。学习方法在青少年的学习中有十分重要的地位。

每一个青少年都想获得一种适合自己的学习方法，那么，究竟怎样才能有正确的学习方法呢？我国古代伟大的教育家孔子，在学习方法上主张"学而时习之""温故而知新""学而不思则罔，思而不学则殆"。

这些学习的方法是值得我们借鉴的。但不论怎么样，正确的学习方法应该遵循以下几个原则：

循序渐进

也就是要系统而有步骤地进行学习。它要求我们应注重基础，切忌好高骛远、急于求成。而这种循序渐进的原则主要体现为：一定要先打好基础，还要做到由易到难，更重要的是应该量力而行。

熟读精思

也就是要根据记忆和理解的辩证关系，把记忆与理解紧密地结合起来，两者不可偏废。因为在学习的过程中，谁都知道，记忆与理解是密切联系、相辅相成的。这一点是很重要的。

自求自得

就是要充分发挥学习的主动性和积极性，尽可能挖掘自我内在的学习潜力，培养和提高自学能力。对于青少年来说，切不可为读书而读书，而是应该把所学的知识加以消化吸收，变成自己的东西。

知行统一

就是要根据认识与实践的辩证关系，把学习和实践结合起来，切忌学而不用。知行统一要注重实践，一是要善于在实践中学习，边实践、边学习、边积累。二是躬行实践，即把学习得来的知识，用在实际生活中，解决实际问题。

法国一位知名的教育学家曾说过："良好的学习方法能使我们更好地发挥运用天赋的才能，而笨拙的方法则可能阻碍才能的发挥。"所以，青少年朋友，通过有效方法学习和反复运用，使自己形成一套正确有效的现行方法，不但是我们能够不断成功的基石，还会使我们终身受益。

善于挖掘学习潜能

潜能，是人先天固有的一种禀赋条件和内在特质。人的潜能是可以开发的。我们青少年正处于开发潜能的最佳阶段，因此不能忽视潜能的重要性。当今社会正处于科技飞速发展的时期，挖掘自身的潜能是每个青少年在学习的过程中刻不容缓的事情。

古今中外，那些被世人铭记于心的成功人士，他们的灵感、直觉、预知力等都是潜在能力的具体表现。他们就是因为开发了自身的潜能，才有了辉煌的成就。

一般来说，人的潜能是在日常生活中遗留、沉淀、储备下来的能量。比如，小孩在很小的时候就要学会走路，成长时期每天都在走路，到了成年的时候，他用脚走路的潜能就与小时候走路所沉淀下来的能量息息相关。

曾有人报道，有一个人为了逃命，跨过了宽达4米的悬崖。所以说在某种环境下，在某种压力下，人的潜能就会充分发挥出来，从而创造出不可预知的奇迹。人的心智是发挥巨大潜能的动力。许多成功的人之所以能够实现他们的梦想，主要是因为他们有渴望成功的心智。有人曾说："我们一切的表现，完全是思想的结果。"可见心智具有决定命运、结局的力量。

对于青少年来说，学习是发掘自身潜能及促使潜能发挥的最佳方法。因为知识丰富必然联想丰富，而智力水平正是取决于神经元之间信息联结的面的大小和信息量的多少。

在信息时代，新的想法、动向和观念每日影响着周围的一切，我们青少年正处于掌握知识的最佳阶段，只要把握好这一时机，充分发挥出潜能，相信我们终究会有所作为。

因此，青少年在日常的学习和生活中，更应该学着让自己多动脑，要有渴望知识、渴望成功的意识，充分发挥自己的想象力，只有这样，才能激发自身的潜在能力，去产生新的发明、新的见解、新的科学定论。很多的潜在能力都是靠自己挖掘出来的，那些优秀的人更懂得如何发掘自己的潜能。

青少年不要小瞧自己的能力，不要自己限制自身的发展，更不要有一点小小的成就就认为自己已达到最高点，这只会白白浪费自己的才能，错过成就自我的机会。

英国一位小说家曾说过："人生实在奇妙，如果你坚持只要最好

的，往往都能如愿。"做事保持一颗恒心，不屈不挠，终会梦想成真。现今，我们所使用的千百种发明不都是人发挥潜在意识，经过充分的想象才得出的成果吗？所以我们应该时刻提高自己，充分发挥自己的潜在能力。

开启心智的方式有很多，培养兴趣与爱好就是开启心智的方式之一。一个人只要对某种事物感兴趣，就会很快了解或掌握某种事物。比如，一个无线电爱好者在无线电知识方面会远远超过其他人。如果坚持自己的爱好，就有可能在这方面有所发现、有所创造。

将学习视为一种责任

人们常说："活到老学到老。"人生中需要学习的东西是无穷无尽的，所以学习永远没有终点。青少年时期是人一生当中最为宝贵的知识积累阶段，也是为今后的发展打基础的重要时期，因此，青少年应该把"活到老学到老"当成自己的人生信条，从小树立起终身学习的观念，正确认识学习的作用，调整好自己的学习心态，培养良好的学习习惯，把补充知识当作一种乐趣，并做到最好。

学习是永远没有尽头的，终身学习已经成为当今时代的主旋律。学海无涯，学无止境。不管是哪一种成功，它的到来都不会是一朝一夕的结果。一个人、一个群体、一个民族、一个国家要成长和发展，就必须要不断地学习。

不懂、不会，就要去了解，就要去学习，学习就是为了以后能够更好地适应新的发展。

下面我们来看一个真实的故事：

　　这是美国东部一所大学期终考试的最后一天。在教学楼的台阶上，一群工程学高年级的学生挤作一团，正在讨论几分钟后就要开始的考试，他们的脸上充满了自信。这是他们参加毕业典礼和工作之前的最后一次测验了。

　　一些人在谈论他们现在已经找到的工作，另一些人则谈论他们将会得到的工作。带着经过四年的大学学习所获得的自信，他们感觉自己已经准备好了，并且能够征服整个世界。他们知道，这场即将到来的测验将会很快结束，因为教授说过，他们可以带他们想带的任何书或笔记，但要求只有一个，就是他们不能在测验的时候交头接耳。

　　他们兴高采烈地冲进教室。教授把试卷分发下去。当学

生们注意到只有五道评论型的问题时，脸上的笑容更加明显了。三个小时过去了，教授开始收试卷。学生们看起来不再自信了，他们的脸上有一种恐惧的表情。没有一个人说话，教授手里拿着试卷，看着整个班级的人。

他俯视着眼前那一张张焦急的面孔，然后问道："完成五道题目的有多少人？"

没有一只手举起来。

"完成四道题的有多少？"

仍然没有人举手。

"三道题？两道题？"

学生们开始有些不安，在座位上扭来扭去。

"那一道题呢？当然有人完成一道题的。"

但是整个教室仍然很安静。教授放下试卷，说："这正是我期望得到的结果。"

"我只想给你们留下一个深刻的印象，即使你们已经完成了四年的工程学习，关于这个科目仍然有很多东西你们还不知道。这些你们不能回答的问题是与每天的普通生活实践相联系的。"

然后他微笑着补充道："你们都会通过这个课程，但是记住即使你们现在已经是大学毕业生了，你们的学习仍然还只是刚刚开始。"

随着时间的流逝，教授的名字已经被遗忘了，但是他教的这堂课却没有被遗忘。

世间万物总是不断变化和发展的，比如遗传变异、水生动物演化为陆生动物等。在这个过程中，适应环境的才能够生存下来，不适应环境的就会被自然所淘汰。

人生活在社会中也是这样，从出生开始，便慢慢地学会走路、说话，在成长的过程中逐渐接触到各种事物，不断地学习很多东西，如处理日常事务及人际关系等。

有的人善于学习，于是在各种环境中都能应对自如、游刃有余；有的人却故步自封，懒于了解、学习，结果遇事时总是感到不知所措，长大后也因为能力较低而被社会所淘汰。所以，学习永远没有尽头，一个人如果不学习就会落后，就有被淘汰的可能。

可能有人会问：如果我现在的学习成绩很优秀，这是不是就意味着我可以放心休息、安于现状呢？当然不可以。孔子集群贤之大成，却仍不断地学习。

相反，王安石笔下的神童方仲永，被他父亲当作摇钱树赚钱而没有继续学习，最终变成普通人。因此，我们一定要不断地学习，不断地进取，这样才能走在别人的前面，走在时代的前沿，让自己今后长久地立于不败之地！

总之，想要学有所成，就必须让自己不断地了解，不断地学习。一个人如此，一个民族、一个国家也是如此。秦孝公率先变法，使秦国强盛起来，"拱手而取西河之外"；赵武灵王胡服骑射，使邻国不敢小觑；还有那"不飞则已，一飞冲天；不鸣则已，一鸣惊人"的楚庄王，正是他正视现实，励精图治，楚国才能傲视群雄！青少年肩负着建设祖国的重任，更要不停地学习和前进，使我们的祖国能够傲然屹立于世界民族之林！

　　所以，对于青少年来说，学习是一条通往成功的捷径，要想踏上这条路，就要加倍努力地学习。

　　因此，青少年千万不要让宝贵的光阴白白地浪费，更不要做虚度年华的人。青少年要把学习当作终生的责任，要相信，只有付出，才会得到收获。而当你始终把学习当成一种责任去执行时，你必将会受益终生。

努力提高学习效率

　　学习的大敌就是自以为是和骄傲自满，这样会使人变得无知，走向失败。在学习的道路上，只有永不自满，懂得谦虚，才能使人进步。自古以来，谦虚就被人们当成传统美德，有许多这方面的格言警句启迪后人，如"谦受益，满招损""谦虚使人进步，骄傲使人落后""虚心竹有低头叶，傲骨梅无仰面花""百尺竿头，更进一步"等。

　　一位清华的大学生，在给学弟学妹们介绍自己的学习经验时，这样说："'戒骄戒躁，宁朴毋华。'学习的最好习惯就是踏踏实实地学习，不搞'面子工程'。踏实的态度表现在两方面：对内和对外。

　　"对内，即对自己，要做到真实，'知之为知之，不知为不知，是知也'。不要欺骗自己，没有搞懂的知识一定要弄明白，没有完成的功课一定要完成，没有完成的学习任务一定要补上，千万不要遇到困难就放弃，坚持是最好的解决方法。不要追求一时的成绩而做'临时抱佛脚'式的用功，要做每天进步一点的长久努力。

"对外，要做到谦虚。巴甫洛夫说：'无论什么事，都把自己当作一个门外汉。'不要以为自己什么都会，其实离'高手'的境界还差得很远。'三人行，必有我师'，别人身上都有值得自己学习的地方。不要瞧不起别人一个微小的优点，将这些小优点汇集起来就能造就一个伟大的人。

"遇到自己不懂的问题，要虚心向别人请教，不要以'我与他不熟'或'我不喜欢他'为借口。学习是独立于人际关系之外的，它能改善人际关系。学习时放下架子，知识的大门才能为你打开。"

从这位大学生讲话的内容来看，一个人只有做到谦虚，才会觉出自己的不足，才会不断追求新的知识，取得学业上的进步。反之，骄傲自满是学习、生活中的大敌，是青少年进步路上的绊脚石。

老子说："知不知，尚矣；不知知，病也。圣人不病，以其病病。夫唯病病，是以不病。"

这段话的大意是：知道自己有所不知，最好；不知道却自以为知道，这是缺点。有道的人没有缺点，因为他把缺点当作

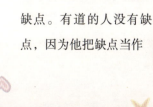

缺点。正因为他把缺点当作缺点，所以他是没有缺点的。

自古以来，谦虚就是中华民族的传统美德。也正是谦虚，才让我们明白知识的意义，才让我们在知识面前永远低头去学习。青少年要想在学习上提高效率，一方面要踏踏实实地去学习，另一方面要谦虚地向身边的同学学习，学习他们的长处，弥补自己的不足。

完善自己，快速成长

我们青少年随着年龄的增长，自尊心也变得更强，所以往往不能接受别人对自己的批评。常常是：不能听到任何对自己的质疑与否定的声音，即便是自己喜好的事物，也决不允许被质疑被指责。

事实上，这是一种十分有害的狭隘心理，而它也在无形之中影响着青少年的成长。

因此，青少年要想让自己的成长更顺利，就一定要克服这种心理，要敢于接受别人的批评。这样做不仅可以更加完善自己，还可以让自己的人际交往更上一层楼。

敢于接受批评

好听赞誉之言，好闻顺耳之话，这是人之常情。和许多成年人一样，孩子往往也喜欢听表扬而反感批评。而心理专家和教育专家普遍认为，在孩提时代难以接受批评的孩子，长大后，也大多会对批评持"敬而远之"的态度，而且会逐渐因为拒绝接受批评而变得自负。

这种自负的心理不但不能帮助我们成就事业，反而影响我们的生活、学习、工作和人际交往，严重的还会影响心理健康。

因此，西方有句谚语："恭维是盖着鲜花的深渊，批评是防止跌倒的拐杖。"听惯了谀辞的人狂妄自大，只有虚心接受批评的人，才能改正缺点，提升自己。所以，青少年必须要谦虚，要养成善于听取别人批评的品质。

比尔·盖茨认为，一个人无论什么时候都要虚心接受批评，尤其是成长中的年轻人。但是在现实当中，能做到这一点的青少年又有几个呢？他们在接受别人批评的时候，一般都会在脸上表现出一些不自在的表情，心理或多或少存在一些抵触和不服气，哪怕是别人批评得对，也要在批评者的言谈话语里找出那么一丁点不恰当的语言，为自己狡辩几句。

这种态度不可避免地影响着青少年的成长，因此青少年一定要加以改正，正确地面对别人的批评。

如何看待批评

青少年都希望别人重视自己，只要做了什么事，就希望获得别人肯定或称赞。如果别人指出他们的错处，便觉得受了委屈，或怒气冲天。有时候他们提出的批评并不是针对个人，而是对我们做事的建议，并不是无中生有的挑剔。

聪明人会微笑着接受，因为那可以让他们知道自己的缺点与不足，以便能逐步弥补和改掉它们，去完善自己；而愚蠢的人则对此不屑一顾，甚至对批评者心怀怨恨。

俗话说："良药苦口利于病，忠言逆耳利于行。"如果我们真的明白良药苦口这个道理，敢于坦然去接受药的苦味儿。那么，我们就很容易接受别人的批评了。其实，凡是有头脑的人总是时时提醒自己，知道自己确实有许多缺点。

批评是指出缺点的一种方法，是应当受到欢迎的。批评是一种恩惠，是在教导自己认清看不到的那一面。正如美国哲学家富兰克林所说的："批评者是我们的益友，因为他点出了我们的缺点。"

生活中免不了挨别人的批评和指责，如何回应别人的批评是一个重要的生活技巧。

我们青少年如果不经过深思熟虑就回应批评，很容易造成不必要的麻烦。但是，只要愿意认真观察，用心聆听，用智慧去解剖，用真理去分辨，用足够的决心和恒心去面对并且改过，勇往直前，终究会变得更加完美。

当受到别人的批评指责时，应做到以下几点：

（1）摆正心态，直面批评

批评不外乎有两种情况：一种是批评得对，一种是批评得不对。但是不管是哪种批评，都不要立刻做出反驳。如果因为别人的批评，使我们感到愤怒或者自尊受到伤害而立即回应的话，我们可能会很快感到后悔。

所以，在回应别人的批评之前，要先耐心地让自己冷静下来，然后再做出回应。经过考虑之后，对的批评要善于采纳，因为这能够改变自己的缺点，对于不断改造自己、完善自己是至关重要的。

当批评是错误的时候，自己可以完全避开、忽略它。如果青少年学会以静制动，那么错误的批评就会失去作用。所以，面对批评，心态最重要。

（2）锻炼一个"厚"脸皮

在生活中，我们不可对一点小小的批评就忧心忡忡，或耿耿于怀，要有不怕丢脸的精神，敢于面对别人的批评。但是，这也要把握一定的度，不要到了麻木不仁的地步，否则将会比不接受别人的批评更为可怕。

请看下面一个事例：

玲玲上小学二年级时，她妈妈王丹给她报了一个英语培训班，王丹很重视孩子的听说能力培养，每天学习回来，都要检查玲玲的学习情况。

但是，王丹发现，虽然玲玲的听说都不错，发音还算地道，但课堂单词听写成绩经常不好。以前她听写成绩不好的时候，王丹从来没责怪她，只是分析了问题的原因。

王丹认为，孩子听写不好原因之一是回家不大练习，原因之二是没有掌握背单词的方法，所以，王丹和孩子一起分析单词发音和拼读之间的联系、规律，玲玲渐渐地领悟了这个方法，对记忆单词有了一些兴趣，也比较配合妈妈的听写检查。

那天晚上在家里，王丹又花了些时间辅导玲玲练习单词，心想明天听写的结果应该还可以吧。可是次日下课回来，玲玲却说，又错了几个单词。

孩子测验成绩连续不好，王丹有些生气地批评了几句，但孩子坦然地说："妈妈，你不要生气，错的几个单词我已经复习过了。不信你可以检查。"

王丹就把那几个单词重新给她报了一遍，玲玲果然全部
会写了。

我们要学会利用别人的批评要求自己的进步。无论批评者的动机
如何，我们总可以将批评作为改进自己的一种指南。只要敢于面对，
就会有进步。

（3）重视别人的批评

当别人对我们说好听的话时，我们会觉得高兴；当别人批评我
们的时候，我们就会觉得难受。这种态度是不对的。如果我们只听
到别人虚伪的赞美和歪曲的谄媚，就会飘飘然而自得，那么又怎么
会进步呢？

（4）接受批评时，要保持平静，面带微笑

其实，大多数批评的出发点是好的，所以，在接受别人的批评时
记得保持冷静，用智慧去思考及衡量。

善意的批评是值得称赞的，所以我们要报以微笑，这样做可以使
我们更轻松，也会让事情朝着积极、良好的方向发展。在对批评分析
后，知道什么是对的就要赶紧改正自己的缺点，这就是感激别人的最
佳方法，这也是一种感恩。

第二章　常怀积极乐观的心态

　　青少年在学习、生活和成长的路上会遇到许多困难和挫折，对于这些困难和挫折，我们应当正确对待，多往好的方面想并为此而努力。我们不能左右事物的发生和发展，但我们可以用积极的心态和乐观的精神去面对它。

拥有"简单"的快乐

什么是快乐？这个问题就像是哲学里"人为什么要活着"的永恒命题一样，可能永远找不到答案。不得不承认，很少有人发自内心地去感受快乐，很多时候，嘴角的笑容只是为了掩饰自己复杂的内心世界。这个世界其实很简单，只是人心变得很复杂。所以心简单即会快乐。

生活是极其美好的，享受生活并不是富人的权利，无论你处于什么样的困境里，即使你只是一个乞丐，也有权利享受生活。因为这是人与生俱来的权利，除了自己，任何人都不能阻止你快乐。

可是为什么有很多青少年都感觉不到快乐呢？生活在父母的宠爱之中、朋友的关怀之中、老师的帮助之中，还有什么理由不快乐呢？拥有那么多的爱，为什么总是要紧锁眉头呢？即使曾经受伤，曾经受挫，也不能阻止我们去享受生活啊！

亲爱的朋友，让我们一起来看看大山里孩子们的快乐吧！

大山里有一群小孩，他们的父母都到外地打工去了。他们每天都要翻山越岭走很远的路去打水，然后在一个简陋的房子里一起做饭吃。

虽然吃的全是些粗粮和青菜，但是他们的脸上却总是挂着笑容。他们每天都快乐地结伴去破旧的教室读书。他们拿着摘的草药换来的一角、两角的零钱去很远的小镇买期待已久的《新华字典》，然后满足而又高兴地回家。

这是多么简单的一种快乐。青少年朋友们，想想那些大山里的那些孩子，我们不知道要幸福多少倍呢！所以放弃心中那些无谓的烦心事吧，做简单的人，将自己的生活化繁为简，相信我们一定能够获得快乐的。因为态度决定了我们的生活，快乐只与简单的生活同行，所以我们要把生活过得简单一些，不要把它复杂化了，这样就会发现生活原来如此美好。

很多青少年过早就发出感叹："累。"其实对于每个人来说，快乐并非遥不可及。只要简单生活，就能快乐地过好每一天。智者的简单，不是贫乏或者贫穷，而是达到一种去繁就简的境界。"放下就是快乐"，只要你心无挂碍，对什么都看得开、放得下，那么，快乐的白云就会飘荡在你的头上，快乐的鲜花就会绽放在你的身旁。

所以要想获得快乐，那就选择简单的生活吧！我们无法改变纷繁的世界，但是我们可以把握自己的心态。做任何事情不要勉强，不必追求极致。当然，凡事细心，这是好事，但不要过于小心，要不然就会造成思维局限，把本来简单的小事复杂化，使自己为琐事而疲惫。每个人的精力都是有限的，如果思想被局限在某个旋涡中，必定会失去很多快乐。

青少年朋友们，如果我们不能改变生活，那就改变我们自己对待生活的态度吧。很多时候，我们因为忙所以乱，因为乱所以烦。相反，因为想得少，所以简单；因为简单，所以才会快乐！拥有快乐人生，就要"一切从简"。

以宽容的心对待现实

法国一位文学大师曾说过："世界上最宽阔的是海洋，比海洋宽阔的是天空，比天空更宽阔的是人的胸怀。"拥有宽阔胸怀的人，能包容人世间所有的喜怒哀乐、酸甜苦辣。只有敞开自己的胸怀，才会快乐。宽容是让人拥有快乐的一种方式。

很多时候不是烦恼太多，而是我们的胸怀不够开阔，其实，世界上幸福的人，不是拥有的太多，而是计较的很少。不是我们的烦恼太多，而是我们的胸怀不够开阔。敞开胸怀，就会发现，原来世界这么美好！

有这么一个故事：

从前有一位著名的哲学大师，在他的众多弟子中，有一个弟子经常牢骚满腹，怨天尤人，不是抱怨别人对他不好，就是抱怨饭菜不合口味。

　　哲学大师为了开导这个小肚鸡肠的弟子，就叫他到市场中去买盐。盐买回来之后，大师吩咐这个每天都不快乐的弟子抓一把盐放在一杯水中，然后喝掉它。"味道如何？"大师问。

　　这位弟子皱着眉头说："咸得发苦。"大师又叫他抓一把放在缸中，再叫他尝尝味道，弟子说："有一点点咸。"

　　大师又吩咐弟子把剩下的盐都放进附近的湖里，然后又叫这位弟子去尝，这个弟子捧了一口湖水尝了尝。大师问道："什么味道？"

　　"好像一点咸味也没有。"弟子答道。

　　哲学大师教导这个弟子说："一个人生活中的不快和痛苦，就像这盐的咸味。我们所能感觉和体验的程度取决于我们将它放在多大的容器里，所以，当我们处于痛苦时，请保持开阔的胸怀。"

　　是的，你的胸怀就是你生活中的容器。在成长的道路上，青少年会遇到很多的烦恼和困惑，当你感觉命运对你不公的时候，当你感到不尽如人意的时候，你就要不断地放宽自己的胸怀。因为在宽广的胸怀里，一切不快和痛苦都显得那么微不足道；在宽广的胸怀里，你将会感觉到快乐。

世间万物中，大海之所以能成其大，就在于它有一个宽广的胸怀。同样，人也应该有一个宽广的胸怀，这样才不会被世俗困扰和烦心。只有这样，才能拥有快乐的心境，从而快乐地生活。

当你以宽广的胸怀去面对这个世界时，你就会有另外的一番感受，何必让自己的心处在阴晦之中呢？给自己的心开一扇窗，让阳光进来。当明媚的阳光抚慰你时，你会有一种别样的感觉，那就是拥有了阳光心态。

拥有它，你将拥有超然豁达的人生；拥有它，你就不会在苦闷失落中迷失自己；拥有它，你就不会在纷繁复杂的社会中迷失方向；拥有它，你会拥有阳光般的笑容。所以青少年朋友们，请放宽胸怀，以宽容的心去看待现实吧，这样你们的生活会更加灿烂和美好。

如果你是个心存快乐的人，就会看到山是那么清秀，天空是那么蔚蓝，河水是那么清澈，鲜花是那么娇艳。如果你心存悲哀，那么就会看云云幻，看雨雨寒，看天天暗，看花花残。

敞开胸怀，放飞心灵，亲爱的青少年朋友，请放宽胸怀吧，让所有的不快即刻消失，我们的整个灵魂也会随之振奋起来。

以良好的心态面对挫折

人生在世，谁都会遇到挫折，适度的挫折也并不是什么坏事，它可以帮助人们驱走惰性，促使人奋进。挫折也是一种挑战和考验。英国哲学家培根说过："超越自然的奇迹多是在对逆境的征服中出现的。"关键的问题是我们应该如何面对挫折。

了解挫折感的原因与表现

我们的个人需要不是任何时候都能够满足的，不能实现，就会产生挫折感，带来消极心理，影响后续目标的产生和实现。挫折的本质是动机不能满足。我们是否体验到挫折，与我们的抱负水平密切相关，即与我们对自己所要达到的目标规定的标准密切相关。标准越高，越容易产生挫折。

如果行为结果落于两个标准之间，那么高于标准会产生成就感或满足感，低于标准则造成心理挫折，不论这两个标准是由两个人还是同一个人在不同时期做出。

我们个人的重要动机受到阻碍时，所感受的挫折会较大；而较不重要的动机受到阻碍时，则易被克服或被别的动机的满足所取代，因此只构成一种丧失的心理感受，对个人的挫折不大。而动机的重要性又因人而异，因时境而异。所以挫折可以说是一种主观的感受。

挫折感还与我们的期望程度和努力程度有重要关系。如果我们真的很用心，并认为自己一定能成功，又花了大量心血，即使是短暂受阻，也会让我们产生强烈的挫折感。

我们在遭受挫折后会有理智和非理智反应。理智反应在心理学上又称积极进取。有人在受到挫折后毫不气馁、反复尝试。有人当一种动机和行为经一再尝试仍不能达到成功，为了满足需要，采取调整目标降低要求，使之达到。有人估计原定目标根本不可能达到时，就改变原定目标，设置另一个新目标来代替或补偿，或者说谋求新需要满足来代替原来的需要。

非理智反应在心理学上又称消极的适应或防卫。如有的人在受到挫折后失去信心、勇气，情绪不稳定，患得患失，生理上出现心悸、头昏、冒冷汗等反应。

我们对挫折的容忍力反映了我们对待挫折的态度。我们的一生不知要遇到多少挫折，有的轻微、有的严重，能否战胜它，在很大程度上取决于各人的态度。

如果我们的心胸开阔、性格乐观，充满自信，能向挫折挑战，百折不挠，就能取得最后的胜利。如果我们心胸狭窄，性格内向，忧心忡忡，一遇挫折就一蹶不振，甚至出现行为错乱，就失去应对能力。

消除挫折心理的技巧

我们要知道，现实和理想不会是一致的，我们随时都可能产生挫折感。我们平时该如何提高自己承受挫折的心理能力呢？

（1）要认清失败

要走出失败的阴影，请明白以下道理：

成功不会轻松而来，失败总是难免的。失败和成功一样，也是一笔财富，失败并不同于平庸，只要你不放弃，你就永远拥有成功的机会。成功和失败都是生活的一部分，它们的不同感觉让你的人生更加多姿多彩。

失败并不意味着失去一切，失去的东西将会以其他方式补偿给你，失败能给你带来什么呢？

失败给了你一次自我反省的机会。失败带给人首先是心灵上的震动，而这种震动恰好能使你重新认识自己。可能你一直消沉颓废自己却根本没意识到其消极作用，失败的震动让你好好梳理自己的心情，调整好自己的状态；可能你骄傲自满，目空一切，不可一世，失败就像一瓢冷水将你从头淋到脚，让你好好反省。

经验和教训是失败送给我们最好的礼物，它们将成为成功的有利条件。有了这些经验和教训，在以后的生活中，我们可以少走许多弯路，节省了成功的成本，从另一个角度看，这又何尝不是一次成功呢?

失败能激发你的勇气，磨炼你的意志。我们如果长期处于安逸舒适的环境中，勇气、意志、雄心就会被安乐的氛围逐渐磨掉，失去战斗力，环境发生变化，常常不攻自破。我们必须随时注意磨炼自己的意志，激发自己的勇气。失败能使你的意志更加坚不可摧。勇气的激发和意志的磨炼只能在一次次具体行动中进行，失败就是考验你的时候。

（2）有全局观念

我们要从全局出发，用发展的眼光看待眼前的挫折。那种具有远大理想、能用正确的积极的眼光去看社会、看生活的人，往往更能够承受挫折带来的影响。

（3）要正视逆境

生活中有晴天也有雨天，有欢乐也有痛苦。挫折是不可避免的，我们一生必然要与挫折打交道。有人做过统计，发现成名的作家中，绝大多数都经历过坎坷。凡成功者，都与挫折进行过无数次战斗。

（4）要冷静分析

遇到挫折时应进行冷静分析，从客观、主观、目标、环境、条件等方面找出受挫的原因，采取有效的补救措施。

（5）要调整目标

我们要注意发挥自己的优

势，并确立适合自己的奋斗目标，全身心投入工作之中。如果在实施过程中，发现目标不切实际，前进受阻，则及时调整目标，以便继续前进。

（6）要转化压力

适当的刺激和压力能够有效地调动我们机体的积极因素，我们出色的工作往往是在挫折逆境中做出的。

（7）要暗示自己

在打击来临后，我们要有一个冷静、理智的头脑，认真分析挫折产生的原因及眼前的处境，审时度势。眼睛向着理想，双脚踏着现实，努力朝着目标前进。我们可以暗示自己说："这正是考验我的时候，正是体现我生命本色的时候。"

（8）要认清自己

"认识你自己"十分重要，我们都有自己优缺点，应扬长避短，充分发挥自己优势。五音不全者想当音乐家，色盲想当画家只是徒增烦恼。

（9）增强容忍力

容忍力是一个人在面对逆境或遭受打击后，能摆脱不良情绪的影响，使心理保持正常的能力。增强挫折容忍力要求我们锻炼好身体，多参加社会活动，提高自己的文化素质，完善个性。

（10）增强成功的体验

我们如果经常遭到挫折，对自己信心就会减弱。若多发扬自己优点，在自己力所能及范围内积极取得成功体验，能够增强自信心，战胜挫折。

（11）学会精神发泄

精神发泄又称心理治疗法。我们可以在限制的环境中自由发泄受压抑的非理智的情感，以达心理平衡，及早恢复理智状态。也可以主动找朋友或陌生人倾吐心声、减轻心理压力等。

不被不良情绪左右

有句名言说：我们无法拯救这个苦难的世界，但我们可以选择快乐地活着。快乐是自己内心的一种感觉，不是由别人来控制和决定的，它是可以选择的，不管在什么时候，我们始终有这个权利。只要我们愿意，快乐会伴随我们直到永远。我们自己的心情自己可以掌控。

以创作中篇小说《老人与海》荣获1954年诺贝尔文学奖的美国著名作家欧内斯特·海明威的生活经历中，充满了紧张与压力，他的内心经常被这种不良情绪折磨着。

他企图利用各种各样的方式摆脱和逃避这种情绪，如不停歇地旅行冒险，寻求各种刺激性生活等。小说《老人与海》主人公桑提亚哥在海上与鲨鱼搏斗的经历与内心活动就诠释了这一矛盾的心态。

打鱼老头儿连续84天在海上一条鱼也未捕到。第85天出海，经历了三天两夜的搏斗，终于捕到一条巨大肥硕的大马林鱼，归途中却不断遭到鲨鱼的袭击。为不使马林鱼被鲨鱼吃掉，老人奋力还击，凭着超人的勇气和力量，一次次把凶残的鲨鱼击退，但最终船上的马林鱼只剩下一副骨架。

尽管老人失败了，但"你尽可能把他消灭掉，可就是打不败他"。老人的内心独白，简直是海明威一生的写照。作家诺曼·迈勒鲁入木三分地剖析道："海明威这种漂泊不定的生活之真正的根源，是他的一生都在跟沮丧、恐惧和自杀的念头做斗争。他的内心世界犹如一场噩梦。他的夜晚是在同死神的搏斗中度过的。"

为挣脱焦虑与沮丧的罗网，海明威结过许多次婚，搬过很多次家；饮酒从红葡萄酒到威士忌，最后到伏特加，但是仍无济于事。在1961年夏天的一天，海明威终因沮丧的困扰而用子弹结束了自己的一生。

诺贝尔文学获奖者因无法控制自己的情绪和心情，最终丧失了宝贵的生命。现实生活中，很多青少年也是因为不懂得控制自己的情绪而给自己带来了无尽的烦恼和痛苦。有些人因为过分注重别人的评价而变得疑神疑鬼、闷闷不乐，甚至自卑。

其实大可不必这样，自己就是自己，不必过于在乎别人怎么想、怎么看。要做自己情绪的主人，自己的快乐自己做主。

青少年朋友们，当发现自己的情绪无法控制时，不妨尽快离开刺激情绪的环境，或想一想明智的人在这种情境中会扮演怎样的角色，或设想自己已解决了一个难题且处在喜悦中，或向有同情心的人倾诉自己的想法。

如果你不能控制自己的情绪，反而被情绪所控制，那么就不会有成功的希望。宣泄对于抚慰一个人的心灵创伤来说是极为有益的。人总是有喜怒哀乐，遇事不顺心，发一通脾气，冒一顿火，亦算不得大错。但凡事有个"度"，应当把自己的情绪限制在无害的范围之内，不能因发怒而伤害自己或他人。

如果有了烦恼，应尽量克制自己的情绪，并将注意力转移到学习、娱乐或其他感兴趣的方面，这样就不至于越想越别扭、越想越伤心。凡事一味固执，肯定烦恼重重；能伸能屈，能进能退，自然轻松自在。如果有了烦恼，应主动地找知心朋友谈心，发泄郁闷，消除紧张的心理。可与朋友讨论有意义的问题，转移注意力，遗忘痛苦。若我们得到朋友的劝告，就能开阔思路，更理智地对待不良情绪。若我们受到朋友的鼓励，就会产生战胜不良情绪的勇气和信心。

善于控制自己的情感

青少年要善于控制自己的情感，约束自己的言行，对盲目冲动和消极情绪的高度自制是成功的重要因素之一。有了烦恼，如果只盯着烦恼，就会使自己更加烦恼，倘若勇敢地去与烦恼抗争，那么烦恼就会消失。那么，怎样做自己情绪的主人呢？

第一，当我们有情绪时，首先应该接受情绪带给我们内心的那一种感觉，想想在这种情绪下可以做什么、不可以做什么，心情不好时避免做重要的决定。

第二，心情不好时，我们可以尝试用一个词把这种情绪表达出来，如痛苦、愤怒、焦虑、紧张、恐惧、惭愧、悲伤等，在准确地表达出这种情绪以后，我们就会自动去寻找解决的方案。

第三，认识负面情绪的价值和意义，并加以运用，使自己处理不良情绪的能力能够得到一定的提升，比如有的人看到狗以后会感觉恐惧，其实恐惧并不全是坏事，它可以影响我们的防御机制，让我们在危险的时候保护自己。

第四，当我们内心有情绪时不要忍着，那样会造成心情不稳定，也不要逃避，而要想一些积极有效的方法，如使自己忙碌或其他的方法来避免不良情绪的困扰。

第五，要学会幽默。幽默是一种特殊的情绪表现，也是人们适应环境的工具。具有幽默感，可使人们对生活保持积极乐观的态度。许多看似烦恼的事，用幽默的方法应对，往往可以使人的不愉快情绪荡然无存，从而变得轻松快乐起来。

调节情绪的妙招

另外，要培养和保持良好的情绪，做情绪的"主人"，拓展健康的兴趣爱好，树立远大的志向也是很重要的。我们应当做到以下几点：

一是写下来。把心中的不快诉诸笔端，是一种很好的宣泄方式。人的一生中会留下许多记忆，无论是喜是悲，时隔数年或数月，当你翻开日记本或以前写过的东西，就会回忆起以前的心事，能看到自己成长的脚印。

二是动起来。一个人情绪低落时，往往不爱动，越不动，注意力就越不易转移，情绪就越低落，容易形成恶性循环。这时可以进行跑步、急走、打球等活动，这样低落的情绪很快会被兴奋所取代。

三是自我暗示。有时，引起你情绪不好的原因很难排除。这时候，你就先接受它，然后进行自我暗示。常用的自我暗示的方法就是自我鼓励。例如对自己说："我是最坚强的！"这种积极的暗示能够调节情绪。很多青少年都利用语言的暗示作用来调节不良情绪。当要发怒时，可以反复地暗示自己"不要发怒，发怒有害无益"；当陷入忧愁时，可以暗示自己"忧愁没有用，无济于事，还是振作起来吧"。

四是换位思考。打破思维的定式，站在别人的角度思考问题，这样可以体会别人的心态与思想，增加相互间的理解与沟通，防止一些不良情绪的产生。更重要的是，心理换位法可以消除一些难以调节的不良情绪。例如，家长或老师批评自己后，如果心里有气，可以这样想：假如我是家长或老师会怎样做呢？这样就能理解家长、老师对自己关心、爱护，心情就会慢慢平静下来。

除了上面介绍的调节情绪的妙招以外，我们还可以通过遵循特定的生理规律来调节情绪，如保证充足的睡眠。睡眠对我们的情绪影响极大，人们在睡眠充足时心情舒畅，看待事物时也更加乐观。

总之，青少年在自己情绪不好时，应找出自己情绪不好的原因，努力排除它。当你情绪不好的时候，你要问一下自己："是什么使自己不高兴？"然后想这件事是否真的有那么重要。即使它真的很重要，你也应该保持健康心态积极面对，完全没有必要被它困扰。

多多绽放你的笑容

微笑是世界上最美的语言，虽然无声，但最能打动人。在我们成长的道路上，必不可少的一件东西就是微笑。微笑能够给人随和、快乐的感觉。诚挚的笑容中能表现出善意，让人产生信赖感。也能化解人与人之间的仇恨……

某杂志曾刊登过一篇题为《星期一早晨的奇迹》的文章，讲述了一个关于微笑的故事：

　　公共汽车在行驶，车上的乘客都沉闷地坐在自己的座位上。虽然这些乘客每次乘车几乎都会见面，但大家宁愿自己看自己的报纸，也不说一句话。

　　这时，突然响起一个声音："注意！注意！"大家都伸长脖子看有什么事。"我是你们的司机。现在，你们全都把报纸放下，转过头，面对你旁边的人，露出你的微笑。"

　　令人惊奇的是，大家都按照司机的话做了。这难道是"群众性的本能"吗？

　　这时，司机又说话了："现在，跟着我说——早安，朋友。"大家跟着说了，虽然声音很轻，很不自然。说完了，大家都情不自禁地微微一笑，气氛一下子变得轻松起来，大家彼此间的界限顿时消除了，有的人又说了一遍，有的人还握握手。许多人大笑起来。

　　司机没再说什么。他也无须再说。车厢里一片谈笑声。乘客们心情愉快地开始了新的一天……

这就是一个司机在一群陌生人中创造的奇迹。对于青少年来说，在所有的交际语言中，微笑是最有感染力的。微笑看似简单，实际运用起来并不简单。真正打动人心的微笑至少应是下面这样的。

笑得自然

自然的笑，是一种内心愉快的不自觉的流露。即使在笑完了之后，恢复原状时，脸上仍留有笑意。而演技般的笑容是在笑后马上变成严肃的脸。对于这种不自然的变化，明眼人一看就知道是假笑。它会给人一种极不自然的、做作牵强的感觉。因此，要注意不能为笑而笑，没笑装笑。

笑得真诚

微笑既是我们愉快心情的外露，也是纯真之情的奉送。真诚的微笑让对方内心产生温暖，有时候还可能引起对方的共鸣，使之陶醉在欢乐之中，加深双方的友情。

笑得合宜

就像说话要看场合和对象一样，微笑也要分场合和对象，否则就会适得其反，例如在比较严肃的场合，自然不宜微笑。当你同对方谈论一个严肃的话题，或者告知对方一个不幸的消息时，或者是我们的谈话让对方感到不快时，也不应该微笑，或者要及时收起微笑。

笑得适度

微笑是向对方表示一种礼节和尊重。但是如果不注意程度，微笑得没有节制，就会让人有不舒服的感觉，引起对方的反感。

微笑的基本特征是笑不露齿，笑不出声，既不是掩盖笑意压抑喜悦，也不是咧嘴大笑。它的实质是愉悦的心情、平和的心态的自然流露。所以笑得得体，笑得适度才能充分表达友善、融洽的感情。

　　青少年朋友们，回想一下，你们身边的那些交际高手，哪一个不是笑容可掬呢？所以，即使你不善言谈，感觉拘谨、腼腆，只要露出微笑，仍能吸引很多人。

把快乐分享出去

　　如果现在你拥有六个苹果，你会独自把它们吃完，还是愿意把其中的五个给他人分享呢？

　　如果不与他人分享，你也就只能吃这六个苹果而已。如果你与他人分享，看似你现在吃亏，但实际上你却能得到他人的友情，当他们有东西时，也自会与你分享，你就可能得到另外五种不同的水果，五种不同的味道，这样还吃亏吗？

　　人性的自私和狭隘是分享的主要障碍之一。只想自己的人就会像故事中的乌鸦一样，并不能如愿以偿得到他想得到的东西。由此看来，懂得与人分享才是一种大智慧。与人分享并不意味着自己失去什么，相反会收获友情、知识和快乐。

学会分享吧，当你主动与别人分享本属于自己独有的一份东西时，当你提出对双方同样有利的建议并付诸行动时，常常能赢得别人的好感，从而为双方进一步交往打下基础。而那些只习惯于独自享受、自私的人是很难得到人们欢迎的。

分享有形的东西

拿出自己的东西，如糖果、玩具、衣服什么都可以，跟你的朋友一起去分享，你会觉得这些东西更有价值，更值得你去拥有，就像花园里漂亮的花朵，如果开在深山就没人知道它有多灿烂了。

分享成功

喜爱篮球运动的同学，大多很崇拜"篮球飞人"迈克尔·乔丹。乔丹在结束自己的篮球生涯的时候说过一段话："在别人看来，我站在篮球世界的顶端，每当听到这样的赞美，我都感到惶恐。我所取得的任何成绩都是和队友们以及教练一起努力的结果，还有赞助商和每一个支持鼓励我们的球迷，荣誉属于你们每一个人，我只是幸运地作为代表，一次次地领取奖杯。"

也正如他所说的，乔丹在每一场比赛时都和队友团结一致，去争取胜利，取胜之后他总是和队友、教练拥抱，和大家一起分享成功的喜悦。可以说任何一个成功者的背后，都会有默默支持他、帮助他的人。假设你在奥数比赛中获得了第一名，你的成功不仅仅来源于自己的努力，还有老师的教诲，父母的支持，同学之间的相互交流……因此，当你取得成绩的时候，不要忘了与人分享自己的成功，感谢所有曾帮助自己的人。

分享快乐

没有人愿意听无休止的抱怨，但是，没有人不愿意与人分享成功与快乐。当我们把我们的快乐传递给身边的每一个人时，收获到的就是双倍的快乐。

乐于分享快乐的人，一定是一个受人欢迎的人，因为大家知道，只要他到来，就会给人带来好的消息与笑声。试想，这样的人，谁不愿意与他交往呢？反过来，如果一个人不懂得与人分享快乐或是成功的消息，那么他本人也必定是寂寞的。

分享知识和方法

在学习和生活中，很多人都表现得有点自私，不愿与别人分享自己好的学习方法或经验，害怕别人进步超过自己。但是大家想过吗？越是这样，我们越失去强大的竞争力，因而无法获得更大的进步。

就像分享苹果一样，如果我们把一个好的机会拿来与人分享，那么收获到的成功同样也是两倍，这样的事情我们又何乐而不为呢？

比如，当我们发现了一种更好的解题方法，当我们找到了另一种更好的复习资料，我们都可以拿来与同学一同分享。这样的分享，并不会使我们失去什么，反而会促进与他人之间的交流和学习，使我们更快地成长。

因此，当我们在独立钻研的同时，别忘了大方地与大家分享自己的新发现、新成果，相互磋商，彼此分享。很多时候，分享能让人领先一步。除此之外，青少年还要学会分担他人的痛苦和任务……

青少年朋友们，懂得分享就要有豁达的心胸、坦诚的态度、感恩的心态。学会分享是人生一笔宝贵的财富，将分享变成一种习惯，必将受益终生。

第三章　喜欢沟通和交际

　　青少年正处于生理、心理发展的关键时期，以及价值观、人生观和世界观形成的关键时期，培养良好的沟通和交际习惯，能够促进青少年的成长，使其在各种场合的表达沟通都能自信、自如，并为今后的性格发展打下良好的基础。

用赞美开启社交大门

每个人都喜欢听别人的溢美之词，尤其是青少年，十分渴望被人欣赏。虽然很多青少年渴望得到别人的赞美，但是却不会轻易地流露对别人的赞美之情，而是把生动的言语硬生生地压在心底。这是因为他们还不明白，赞美别人也是一种激励自己的方法。赞美是世间最美丽的语言，是人际交往中最佳的润滑剂。青少年只有学会了赞美，才能为自己赢得好人缘。

赞美具有一种让人不可思议的推动力量。对他人的真诚赞美，正如沙漠中的甘泉一样让人的心灵受到滋润。莎士比亚曾说："赞美是照在人心灵上的阳光。"有位心理学家曾说："人性最深切的需求就是渴望其他人的欣赏。"

当你赞美他人的时候，别人也会在乎你存在的价值，你对他人的赞美也让你获得一种成就感。当由衷的赞美给对方带来愉快及被肯定的满足感的时候，你也十分难得地分享了喜悦和生活的乐趣。

每一个人身上都有闪光的亮点。世界上，人人都喜欢别人的赞美。我们青少年要学会欣赏他人并赞美他人。正如美国著名企业家玫琳·凯曾说过的："世界上有两样东西比金钱和性命更为人们所需，那就是'认可'和'赞美'。"

要注意的一点是，"认可"和"赞美"一定要真诚和自然，一定要发自内心，而不是应酬作秀，更不是虚晃一枪。真诚、适度、恰如其分地从内心深处表达对他人的认可和赞美，有时会影响人的一生。

赞美真的会创造奇迹。有这样一个故事：

> 一个名不见经传的男孩非常喜欢唱歌，每天都努力练习。可是他的第一个老师却残忍地对他说他根本不是一块唱歌的料。
>
> 这句话对他造成了无法估量的伤害，他从此一蹶不振。但是，他贫穷的母亲却鼓励他说："孩子，你唱得很好，你能行，你一直都在努力，一直都在进步，你会成功的。"
>
> 同时，为了让儿子学习唱歌，她更努力地工作赚钱。在母亲的鼓励与赞美下，他加倍努力，终于成为一名受观众喜爱的歌唱家。

我们每个人都渴望得到别人的夸奖和赞美。按照马斯洛的需求层次理论，人较高层次的需求就是得到别人的尊重认可和自我价值的实现。真诚的赞美就像甘霖一样滋润着我们的心田。

当我们遭遇挫折而失落自卑时，一句真诚的赞美，会使我们重新认识自己的能力和价值，重新鼓起勇气；当我们因为平庸琐碎的生活而变得麻木倦怠时，一句真诚的赞美，会使我们精神振奋，重新激起对生活的热爱。

　　但是，仅有赞美是不够的，你的赞美还必须是真诚的。真正懂得生活的人，会在适当的场合，及时地将真诚的赞美送给他人。在愉悦他人的时候，自己也因为发现了美好的东西而心情舒畅。

　　赞美也要讲究实事求是，而不能夸张、虚伪。毫无根据的夸奖，会让人产生你在拍马屁或者有什么不可告人的目的的感觉。

　　只有当你真的发现了别人身上的某些优点的时候，你才把它直截了当地说出来。这种优点并不一定要惊天动地，对一些细微处的赞赏可能更能感动别人。

　　比如你发现同学今天穿了一件很漂亮的衣服，那就请立刻告诉她："你今天这身衣服真好看。"

　　如果一个人不分场合，不问具体情况就大加赞美，则会引起误会与不必要的麻烦。如果赞美的话言过其实，就会让人怀疑你的动机，认为你是谄媚。其实，不必挖空心思去赞美他人，只需有一颗客观公正的心和一双善于发现美的眼睛。发现别人身上的长处并发自真心地赞美，也许你的赞美会改变他的一生。

　　赞美既然有如此大的魅力，我们就应该学会赞美他人。那么怎样才能把握好赞美的度呢？

　　首先，你的赞美必须是真诚的、由衷的，因为每个人都有他的特点，你只要针对他与众不同的优点赞美他，就能让他感受到你是真正了解他、赞赏他。

　　比如，一位女同学相貌平平但文笔很好，学习成绩也很突出，你却赞扬她："你长得真漂亮，是难得一见的美女。"你的不符合事实、不真诚的赞美，不但不会让她高兴，反而会让她觉得你是虚伪的。你应该根据他人的具体情况，寻找他身上的优点和特色，哪怕是微小的优点或者特色，只要是事实，也能收到良好的效果。

其次，你的赞美必须具体明确，不能是笼统的、抽象的赞扬。比如，"你真棒！""你好优秀！""你是一个出色的学生！"等，但"棒"在哪里，"优秀"的表现是什么，"出色"在哪些方面，都没有说出来。没有具体的"点"，那么这样的"面"就显得很"虚"。这些模糊的概念性语言，有时候会造成他人误解，达不到你期望的赞扬效果。

比如说要赞扬一个同学，你可以赞扬他："你长期坚持每晚在教室学习两个小时，还认真做笔记，真是难能可贵，这样持之以恒地学习，让我们看到你坚韧的品格，也知道了你学习能力强、各门功课学得好的秘诀了……"假如你只是简单地给予抽象的赞美："你人品很好，学习好，是一个非常优秀的同学……"这样会给人一种虚伪甚至拍马屁的感觉。

最后，也是最重要的一点，那就是如何驾驭语言。将华丽的辞藻用于赞美固然很好，但平实的话语若运用得当，也毫不逊色。有这样一个故事：

有一位心理医生在银行排队取款时，看到前面有一位老先生满面愁容。这位心理医生暗想："我要让他开朗起来。"于是心理医生一边排队一边寻找老先生的优点，终于他看到，老先生虽然年近70岁，驼背弯腰，却长着一头漂亮的金发，当这位老先生办完事情走到心理医生对面时，心理医生赞美道："先生，您的头发真漂亮！"老先生一向以一头漂亮的头发而自豪，听到心理医生的赞美，非常高兴，顿时变得开朗起来，挺了挺腰，道声谢后哼着小曲离开了。

可见，一句简单真诚的赞美是可以给别人带来很大快乐的。赞美他人会使别人感到愉快，更会使自己得到荣耀感，使自己身心更加健康。被赞美者的良性回报会使我们更为自信，也会使我们更有魅力，从而形成人际关系的良性循环。吝惜于夸奖他人者则难以获得朋友、得到他人的喜爱。

赞美的方法多种多样，或者真挚热情，或者含蓄委婉，或者自然流露，或者顺应语势，或者具体确切……我们应该根据不同人的身份、年龄、特征等，运用不同的赞美方法，但原则只有一个：恰如其分、恰到好处。

青少年朋友们，让我们学会赞美他人吧！用漂亮的语言去赢得他人对你的尊重，用漂亮的语言为你赢得好的人缘，这样人与人之间就会更加和谐！

告别社交恐惧心理

从心理学的角度来看，恐惧是有机体企图摆脱、逃避某种情景而又无能为力的情绪体验。青少年在交往中最容易出现这种恐惧心理，这种现象在男女生中都可能出现。

青少年渴望得到友谊，在心理上希望能广交朋友。但是有些青少年在实际交往时，却出现了不敢见生人、和别人交谈时面红耳赤等不良的反应，精神系统都处于紧张的状态，这就是青少年时期的社交恐惧表现。

青少年在社交时出现的恐惧心理主要是以自闭、恐惧、焦虑为主的综合心理障碍。它的表现形式是不敢交友、害怕社交。有些青少年有社交的欲望但得不到满足，因此就会产生焦虑、孤独等。为此他们开始逃避现实，总是觉得没人注意的地方才是最安全的。其实，社交恐惧的特点是有强迫性的恐怖情绪，总是想象出恐怖的情景来自己吓自己。

我们先看看下面的故事：

小可从小就性格内向，自尊心也特别强，学习成绩一直很好。可是，她不怎么与人交往，总是怕说错话，或是因为自己做了不适合的事让大家看不起她。上了大学之后，她暗恋上了班里的一个男生，但又不敢表露出自己的爱慕，还怕别人知道这个秘密。

有一次，好朋友给她开玩笑说："我知道你爱上他了，你别藏在心里啦！"

小可一听心里急得发慌，担心别人会对自己评头论足。从此以后，她更是见人就躲，不愿理会别人。一有人找她聊

天或是玩耍，她就面红耳赤、心慌意乱，而且说话也语无伦次，最后，变成一见人就担心害怕。

故事中的小可就是由于有社交恐惧心理而不能与同学正常交往，最终陷入困境，不能自拔。这种社交恐惧是因心理紧张而造成的。只要青少年能及时调理，就能战胜这种心理障碍。

青少年社交恐惧的原因

在青少年时期，由于生理上和心理上的发育，许多青少年不爱和陌生人交往，恐惧与别人交往，甚至是不愿见人。

造成青少年出现社交恐惧的具体原因如下：

第一，经受过挫折。俗话说："一朝被蛇咬，十年怕井绳。"青少年之所以出现社交恐惧的心理，往往是因为往日有直接创伤经历。他们在交往的过程中屡次遭受失败和挫折，就容易受到沉重的打击，在情绪上有不愉快的表现。时间久了，自然而然就会形成紧张、焦急、不安、恐惧等不良的情绪状态。

第二，不良的性格所导致。青少年之所以有社交恐惧，与不良的性格也有密切关系。那些容易害羞、有依赖心、胆小的青少年就容易产生过度的焦虑和紧张，所以，这种类型的青少年在交往中就会被性格左右，多思多疑成了他们社交恐惧迅速滋生的土壤。

第三，受别人的影响而产生了恐惧。如有的青少年看见或听别人说在交往中所遭受的挫折及困境后，自己就会感到痛苦和害怕，于是就产生情绪紧张、焦虑、恐惧，由于情绪的繁衍化，导致出现了社交恐惧心理。

第四，内心矛盾所导致的恐惧。在青少年时期，一些人开始对异性充满好奇或好感，但由于父母管教太严，也不提倡与异性交往，因此内心产生了矛盾，进而不敢与他人进行交往，甚至害怕与别人讲话，上课也不认真听讲，并出现忧郁、烦闷的不良情绪。

青少年如何克服社交恐惧心理

青少年如何克服社交恐惧心理呢？下面几点内容值得学习。

第一，全面地了解自己，树立自信心。青少年要正确地认识自己，不要拿自己的弱点和别人的优点进行比较，过于自尊和盲目自卑都是不应当的，你一定要明确："我并不比别人差，别人能做到的我照样能做到。"青少年要经常用这种想法来增强自己的自信心，保持良好健康的心态，相信自己并敢于面对他人。

第二，完善自己的性格。一般害怕交往的青少年大多都是比较内向的，这种类型的青少年要注意重塑自己的性格。要多参加一些有益的活动，积极主动地与同伴或陌生人交往，慢慢地你就会改掉羞怯、恐惧的不良心理，进而使自己成为开朗、乐观、豁达的人。

第三，学会与别人交流。青少年要在合适的场合充分地展示自己的优点，快乐时与朋友一起分享，不愉快或有困难时向朋友诉说。时间久了你就会体会到友谊的温暖。

第四，掌握一些社交技巧。有社交恐惧心理的青少年，要与善于交往的人接触，这样可以从他们身上学些有关社交的知识和技巧，来弥补自身的缺点和不足。

社交中往往会遇到很多事情，因此，青少年产生很多不良的心理也是很正常的。这时，青少年一定要学会适当地调整自己的心理状态，很好地与人沟通，接受别人，这样就不会再出现社交恐惧心理了，而这样对青少年以后的快乐健康成长，也很有促进意义。

让师生关系更融洽

青少年学会正确地处理自己与老师的关系，不仅对我们增长知识是有好处的，对以后的人生也会起着十分重要的作用。

当青少年与老师正常地相处时，二者在心理上的相容性会很大，这样非常有利于学习。与老师相处，语言沟通和肢体语言的沟通是与老师建立联系的主要方式，所以沟通效果的好与坏直接影响老师工作的开展。

老师与青少年学生的心理协调是指在教学活动中，老师与学生关系融洽、和谐的程度。青少年学生与老师在心理上协调与否，将影响自己对知识的吸收效果。

小慧刚升入初中，可怎么也没有料到，在小学一向非常受老师宠爱的自己，现在居然被老师当成是坏学生，这让她的自尊心大受打击。

事情是这样的：

数学老师让小慧上讲台演算一道题。小慧看了看题，回答说，这道题自己还没有想清楚怎么做。

老师说："那你站在那里慢慢想吧！"

　　结果，小慧站了半堂课老师才让她坐下来。这件事让小慧心中非常不爽，一方面，她认为老师的做法太不近人情了；另一方面，当堂被老师罚站，她觉得太丢脸了。

　　就这样小慧从此就特别讨厌数学老师，甚至渐渐地讨厌数学了。每到上数学课时，她不是偷偷地做其他作业，就是想其他的事情。如此一学期下来，她几乎没主动和数学老师说过一句话，而她的数学成绩也是一落千丈。看到成绩单，小慧苦恼起来，她不知道该怎么办，该怎么和数学老师相处。

　　从上面的故事中，可以看出师生关系对学生的成绩有着重要的影响。小慧之所以出现数学成绩一落千丈的情况，很大一部分原因就是她没有处理好与数学老师之间的关系。

　　可以说，与老师的关系搞不好，最终受影响的还是自己。也就是说，当与老师出现矛盾时，要及时与老师联系、沟通，化解师生矛盾，而不应该像小慧一样采取消极的态度。

　　师生关系融洽，青少年学生能与老师友好相处并有效交流与沟通，对促进青少年学生的学习与成长是非常重要的。学生在课堂上的认知速度和质量与其认知态度、情绪与情感有着密切的联系。正确而积极的学习态度、良好的成就动机、愉快的情绪、高度的注意力、适度的心理紧张状态，是教与学得以顺利进行的前提条件。

　　青少年学生与老师相处不协调时，彼此在心理上的相容性就小，这样势必影响教学活动的顺利进行和教学质量的提高。老师与学生之间心理上不协调有很多原因，其中很重要的一点就是，情感距离和在人际知觉上的偏见。

　　情感距离是指老师与学生在情感交流上的差距。老师与学生在情感上产生距离有以下两方面原因：一方面是由学生心理定式造成的。有的学生尤其是成绩较差的学生，由于种种原因不愿或不敢与老师接近，总是采取敬而远之的态度；另一方面是由老师自身造成的。有的老师有意将自己置于居高临下的地位，时刻保持尊严与威信，过于严肃，不苟言笑，使学生感到难以接近。这样就阻碍了两者之间的情感交流。

　　青少年应如何更好地处理师生关系呢？下面的方法值得学习。

主动与老师沟通

　　由于青少年在学习中常常受到许多问题的困扰，所以老师会给予一些指导，这时，一定要和老师沟通，从而找到解决的办法。学生如果不主动，那么在学习与生活中遇到的许多问题就会成为困扰自己的难题。只有由老师指出自己的缺点和不足，并且在和老师的沟通中找

到解决的办法，才能取得进步。

讨厌、躲避老师，只能使自己的缺点和不足越积越多，不要总是认为老师偏心或不喜欢自己，要主动接近老师。这样沟通多了，便能从老师的言谈举止中判断老师对自己到底是不是有偏见，从而加强相互之间的了解。同时，一定要懂得，对老师的尊重并不等于认为老师做得都对，要时常与老师交流，避免摩擦。

注意与老师的相处

对老师有意见就应该向老师提出来，但是要注意场合和方式，要讲究一些策略，要在和老师单独相处的时候和老师交流，要把事情的来龙去脉说清楚，把自己的意见表达清楚。这既是一个让老师更好地了解你的机会，同时也是一种尊重和信任老师的表现。

有的学生由于害羞、胆怯，与老师面对面沟通时心里发怵。这种情况下，最好以书面形式与老师交流。先理清自己的思想、自己的缺点、自己的意愿，在尊敬老师的前提下将事情如实写出来，向老师汇报，请求老师的指导、帮助，还可以写写自己的打算、措施。可以写成单独的书信，也可以写在周记本、日记本里，请老师批阅。总之，学会沟通是心理健康的重要标志，也是青少年走向成熟的必修课。

保持对老师的真诚

青少年学生在与老师相处时，一定要保持一颗真诚的心。"真诚是一笔无价的财富"，所以，在和老师进行交流时要真诚，建立自己的信用，你对老师的真诚，必然会得到老师的尊重和真诚。

青少年朋友们，让我们积极主动地与老师沟通，建立良好的师生关系，让学习和生活更和谐！

多一点幽默，多一份人缘

在生活中，大家都喜欢和幽默的人在一起，因为无论走到哪里，只要有幽默的人在，绝对不会冷场。幽默在人际交往中的作用是不可低估的。美国一位心理学家说过："幽默是一种最有趣、最有感染力、最具有普遍意义的传递艺术。"

在现代社会中，每个人都愿意和幽默的人交朋友。在人们的生活中，需要幽默的存在，可以说如同鱼需要水、树木需要阳光一样。幽默感，是每个人应具备的素质之一，更是我们青少年应具备的一种为人处世的能力。

幽默是生活中的彩虹

幽默，是缓解紧张的人际关系的安全阀，可有效地缩短彼此间的距离，使人们从容地摆脱人际交往中的困境。幽默是健康生活的调味品，可使我们将内心的紧张和重压释放出来，促进身心健康。

幽默的语言，能使社交气氛轻松、融洽，有利于交流。人们常有这样的体会：在疲劳的旅途中、焦急的等待中，一句幽默话、一个风趣的故事，能使人笑逐颜开，疲劳顿消。

从某种角度来说，幽默是缓解紧张局面的灵丹妙药，是随机应变的有力武器。但幽默并不是低级趣味，使用低俗的、笨拙的、肤浅的、油滑的、尖刻的言语不是幽默，要滑头、出洋相，也不是幽默。

幽默让人在笑的同时有所感悟，幽默的语言要高雅且风趣。

俗话说熟能生巧，使用语言也一样，尤其是在开玩笑之时，比如说："我一人吃饱，全家不饿"，让人一听就明白说的是过独身生活。作家马克·吐温说过："戒烟最容易了，我就戒过200多次。"人们一听就会明白，他说的是老也戒不掉！这种说法意思明白，又很滑稽，显然都是经过艺术加工的，是创造性的语言，而这自然是出于智慧，这就是幽默。

幽默是生活中的智慧

幽默，是一种健康的品质，也是当今人们应该具备的一种素质。那么，我们青少年应当怎样培养自己幽默谈吐的能力呢？

首先，要有渊博的知识和宽阔的胸怀，对生活充满信心与热情。其次，要有高尚的情趣、丰富的想象、开朗乐观的性格，这样才能成为幽默风趣、自然洒脱的人。

因为幽默的语言是自然而然流露出来的，并不是想破了脑袋才蹦出来的一句话。

幽默的运用要服从于思想、情感的表达，若仅以俏皮话、恶作剧来弥补幽默的不足，换取廉价的笑，则是浅薄的。幽默是日常语言的巧妙组合，以深入浅出为特点。

有这样一个故事：

一天，一位老师一进教室就看到黑板是写着一行粉笔字："老师说话向小鸡"，老师知道这行字的意思，却装作什么也不知道。

等到同学们向老师行礼后，老师充满善意地说："哎呀，这是哪位同学把咱班的同学说成小鸡了呢？如果把'向'字改成这个'像'字，恰好指出了老师身上的缺点，老师说话可不想'像小鸡叫'。因此，老师一定要改掉这个毛病。谢谢给我提意见的这位同学，并且希望大家以后多给老师提意见。同时，希望这位同学努力学习，可不要再把老师这一个'小鸡'误说成全班同学都是'小鸡'。好，现在我们开始上课……"

从这个小故事可以看出，幽默的语言不仅反映出老师随和的个性，还显示出其聪明智慧及随机应变的能力。但需要注意的是，幽默既不是毫无意义的插科打诨，也不是没有分寸的卖关子、耍嘴皮。幽默要在入情入理之中，引人发笑，给人启迪，这需要说话者有一定的素质和修养。

在与人打交道的时候，幽默是润滑剂，能使人际关系活跃起来。幽默是创造力的一种表现，使用幽默需要智慧，需要有广博的知识、敏锐的洞察力、丰富的想象力以及优雅的风度和自信、乐观的情绪。

在人际交往中，青少年有时难免会处于尴尬难堪的气氛中。这时幽默的言语便能帮助青少年摆脱困境，使气氛变得轻松和缓。幽默感并非天生，掌握了以下三个法则，你也能轻松地说出令人倍感幽默的语言。

第一，要保持快乐的心态。一个好的心态是产生幽默感的前提。忧郁、烦闷、焦虑、愤怒是与幽默感无缘的。

第二，要时时处处有审美感。你只有进入了审美的角色，才能挖掘出生活中的喜剧元素。

第三，要善于运用艺术手法。比喻、双关、夸张、对照、谐音等手法，往往能产生幽默的效果。

青少年朋友要明白，在人际交往中，机智风趣、谈吐幽默的人往往拥有更多的朋友。大家都不愿同动辄与人争吵，或者郁郁寡欢、言语乏味的人交往。

幽默可以说是一种润滑剂，它使烦恼变为欢畅，使痛苦变成愉快，将尴尬转为融洽。所以，让自己变成一个喜欢幽默的人，让自己变成一个懂得幽默的人，让自己也能说出幽默的话，这样，你的生活一定充满快乐。

一位著名的哲学家曾经说过："在我的成长过程中，幽默是生活中的七彩阳光，没有它，就没有我五彩缤纷的童年，也没有我欢声笑语的家庭。"

事实确实如此，幽默感是一个人高贵的品质之一。和有幽默感的人在一起，你会感到轻松自在，会感到他身上表现出来的智慧。

学会倾听，释放善意

有位哲人曾说过这样一句话："上帝给我们两只耳朵，却只给我们一个嘴巴，意思是要我们多听少说。"这句话真切地告诉我们一个与人交往的法宝，那就是倾听。

心理学方面的研究证明，越是善于倾听他人意见的人，人际关系越是融洽。从某种角度来讲，倾听比话语更有力量。这种力量源于你对对方的尊重。

为什么这么说呢？因为倾听本身就是对对方谈话的一种褒奖方式，耐心倾听等于向对方传输"你是一个愿意倾听他讲话的人"的信息。对方一旦得到了这种暗示，就会很自然地对你产生好感和信任。

一位著名学者曾说："成功交谈一点儿秘密也没有……专心致志地听人讲话这是最重要的。什么也比不上注意听是对谈话人恭维了。"

就人性的本质来看，我们每个人当然更为关心自己。每个人都喜欢讲述自己的事情，喜欢听到与己有关的事情，所以，我们要想使人喜欢我们，欢迎我们，那就请在滔滔不绝地表达自己时，别忘了用耳朵去听一听。

辅以肢体语言

有些时候，我们的舌头或许能够说谎，但我们的行动绝对骗不了人。人们往往在不知不觉中把他们的意识和感觉像打电报似的发送出去，他们自己甚至也不知道。因此，我们都是在聆听及观看"完整的人"。

所以，真正的倾听要我们积极地用肢体语言表达出自己的关注。这些积极的肢体语言包括交谈过程中要保持面带微笑，千万不要显出心不在焉或很不耐烦的样子。

我们还要经常看对方的眼睛，尽可能以柔和的目光注视着对方，但是不要自始至终盯着对方，同时也可以不时地说"好的""对"等语言来表示自己在认真倾听。

倘若对对方所谈到的内容比较感兴趣，可以先点点头，然后再简单地表明一下自己的态度，最后再说"请继续说下去！"这样会使对方谈兴更浓。

倾听的时候，我们的身体不妨稍微前倾，这会鼓励对方谈下去。千万不要做看表、修指甲、打哈欠等动作以免影响对方讲话时的心情。人人都希望自己讲话能引起别人的注意，否则，他还有什么兴趣讲话呢？

不要急于下结论

在倾听的过程中，不宜过早做出结论或判断。当我们对某一事件下了结论时，就会产生对该事的判断，这时以自我为中心的思想就会发生作用，导致自己不再认真倾听他人的话语了。况且，当我们未听完对方的全部话语就下了结论，这时所得的结论往往是错误的结论。这不仅影响双方相互交往，还可能会伤害到对方。因此，我们要等到说话者完整地传递了信息之后，再做出判断。

体会对方的情绪

其实，在人际交往的过程中，我们不仅仅要学会理解他人的情绪，还必须感受和体验他人的情绪。在别人高兴的时候可以与他分享快乐，在别人痛苦、失落的时候同样要与他分担痛苦和失落，这种用心与人交往的表现必然会赢得他人的好感。

不轻易打断讲话

我们常常听到这样的话："你让我把话说完，好不好？""你先听我说完，好吗？"不难感觉到，这样说话的人心里肯定不舒服，觉得受到了伤害。如果我们是好的听众，那么就要改正中途插话的毛病。

即使我们不同意对方的观点，或者我们只是想强调一些细枝末节，想修正对方话中一些无关紧要的部分，或者想说完一句刚刚没说完的话，或者我们感到不耐烦，但这些都不是打断对方的理由。这时，不妨让自己的心安静下来，等到对方的讲话告一段落时，再表明自己的看法。这样一来，我们既能得出正确结论，还能让对方体会到我们对他的尊重。

听出弦外之音

我们常常有这样的经验，就是许多话不便或者不能直说，往往会通过暗示来表达。别人也一样，我们应该意识到这一点。其实，听出弦外之音，表示你是一个善解人意的人。

比如你正在和朋友聊天，忽然来了新客，朋友对你说："这个朋友是我多年不见的同学，好久没有和他见面了。"这时，你就应该听出这句话的弦外之音，他是想你应该离开了，免得你朋友想与新客细谈，又怕怠慢你，左右为难。

记住，一个善解人意、知趣的人是有修养、有知识的人，在社交活动中当然受欢迎了。如果你还是很难去倾听，那么，请抱着学习的态度对待倾听。人们为什么都喜欢听权威人物讲话呢？就是因为能学到东西。因此，把每次倾听都当作一次学习的机会，这样你就能保持一个积极的态度了。

第四章　拥有宽容和爱心

　　能够宽容别人的人，其心胸像天空一样宽阔、透明，像大海一样广阔、深沉。人不能总为自己打算，要学会替他人着想，懂宽容、有爱心，才能活得更舒坦、更有质量。一个人心里有别人，懂得设身处地替他人着想，得到的是内心的充实、人格的提升和思想境界的升华，以及爱心的照耀、真情的温暖。

宽容待人是一种美德

宽容待人是一种美德，更是一种挽救。学会宽容待人能让我们快乐每一天，学会宽容待人能让我们与别人更好地相处，学会宽容待人能让我们活得更精彩有力。

麦德卢是17世纪中叶的意大利著名画家，他年轻时有相当长的一段时间，都只是在威尼斯的一家画廊里做仿造世界名画的画师。相对来说，仿造显然比创作来得更轻松一些，尽管那可能随时会被各地的著名画家们告上法庭。

一天，麦德卢正在自己的画廊里仿造一幅名叫《提水的妇女》的世界名画，这幅画是西班牙画家迭戈·委拉兹开斯在3年前画的。

一天，麦德卢正对着印刷品仔细地画着，从门外进来一位外国游客，站在麦德卢的身后静静地看着他作画。威尼斯是一座美丽的城市，有许多国外商人或游客会来这里，也有许多人会从街上走进来观看他画画，麦德卢对此早已司空见惯。

当麦德卢把画中那位提水的妇女画出来以后，这位外国游客带着一丝失望的神色说："那一桶水是很重的，妇女的身体应该要更倾斜一些才对！如果想卖出更高的价钱，您必须要撕掉重新画！"

麦德卢觉得那位外国游客说得有些道理，于是就撕了那张画纸重新画了起来。这一次，他把画中那位妇女的身体画弯了一些，但那位外国游客似乎依旧觉得不满意，皱着眉头说："这位妇女站在房子里面，水的颜色应该更深一些才对！为了能卖更好的价钱，您必须要重新画！"

麦德卢惊叹于这位外国游客观察和欣赏的能力，于是决定重新画。三个小时后，麦德卢完全按照这位外国游客的提议把这幅世界名画仿造了出来，简直达到了可以乱真的效果。

"非常感谢您的意见，现在这画看起来果然很不错，它一定可以卖一个好价钱！"麦德卢说。

"是的，我也非常开心！这样子既不会太糟蹋我的声誉，又能为您带来高的收益！"这位外国游客说。

"您的声誉？"麦德卢不解地说，"很冒昧，但我不得不问一声，您的名字是？"

"迭戈·委拉兹开斯。"这位外国游客说。

麦德卢没有想到，眼前这位对画异常挑剔的游客竟然是画家本人。让他更意想不到的是，画家在说完后就要转

身离开画廊。麦德卢有些诧异地问："您不打算让法院制裁我吗？"

迭戈·委拉兹开斯笑笑说道："生活是艺术的土壤，虽然您只是在仿造艺术，但我依旧不希望因为艺术而威胁到您的生活！"

迭戈对艺术的严谨入微和对他人的宽容大度让麦德卢羞愧不已。从此后，他再也不仿造别人的画作，而把更多的精力用在了真正的艺术创作上，最终成了意大利著名画家。

正像多年后麦德卢在自传里写的那样："是迭戈的宽容挽救了我！如果他选择让我受到法律的制裁，那我在艺术上就永远不会有什么成就。"宽容会带来心灵的升华，有时甚至会创造奇迹。

宽容要做到以下几点：

容忍别人的缺点

青少年朋友应该明白，人人都有缺点和不足，要欣赏、学习别人的优点，宽容别人的缺点。因为自己也可能有令别人讨厌的缺点，多一点包容也就是多给自己机会与别人好好地相处。世界上没有相同的两个人，每个人都是不一样的，所以要学会容忍。

把复杂的事情简单化

作为青少年，如果与一个性格特别执拗的同学在一起，两个人都不懂宽容的话，那么矛盾就会越来越深。其实，这样的朋友也没有别的毛病，只是性格太执拗。要想包容他，我们就必须把复杂的问题想得简单一点，否则的话冲突会越来越激烈。

不要记仇

仇恨会蒙蔽人的眼睛，仇恨就是人心里长的一个毒瘤，它会随着仇恨的增长而在体内长大，仇恨的人不懂得如何宽容、善待他人。

善于理解别人

他人无意或过失伤害了自己，不予计较和追究，原谅、宽容他人的错误和过失，哪怕是他人故意刁难。要多站在对方的角度考虑问题，善于理解他人，这样才能更好地宽容对方。

青少年朋友，宽容既能挽救别人，更能挽救自己。我们何乐而不为呢？

严于律己，宽以待人

"严于律己、宽以待人"，很多人都把这句话视为金玉良言，不但用来自我反省，而且还用来激励他人。

严于律己要求自己做一个负责任的人，对学习负责、对生活负责、对社会负责，同时还要对他人负责。宽以待人是一种美德的体现，它不仅体现了博大的胸襟、宽广的胸怀，更体现了一种高贵的自信，同时它还是一种难得的团队合作精神。我们青少年只有以更高、更严格的标准来要求自己，才能够在学习和生活中取得进步和发展。

有这样一个故事：

一位哲学家在海边目睹一条船遇难。船上的水手和乘客全部溺死了。他痛骂上苍的不公，只因为一个罪犯正好乘坐这条船，竟然让众多的无辜者受害。

当哲学家正陷入这种苦恼之际，他发觉自己被一大群蚂蚁围住，原来他站的位置距离蚂蚁窝不远。这时，有一只蚂蚁爬到他身上并咬了他一口，他立刻用脚踩死所有的蚂蚁。

天神在这个时候现身，并用他的拐杖敲着哲学家的脑袋说："你既然以类似上苍的方式对待那些可怜的蚂蚁，难道你还有资格去批判上苍的行为吗？"

人是感性的动物，对待事物、处理事情往往以看到的表象，依照自己的价值观和思维模式来判断，因此对待别人与要求自己就有了双重的标准。

表现在日常生活中，一方面是用放大镜来观察他人的行为，说三道四，评头论足；另一方面却又放纵自己，对自己毫无标准可言。殊不知，我们在用放大镜对待别人的同时，别人也会用放大镜对待自己，由此产生的冲突可想而知。

我们身边有一些青少年时常抱怨学校缺乏一种和睦的、融洽的人际关系，抱怨同学之间缺少相互关爱、相互帮助的氛围，但是自己从来没有尝试主动关心别人，帮助别人。事实上，当我们主动问候对方，对

别人微笑时，我们的同学一定会回报自己同样真诚的问候和微笑。

俗话说得好："如果你想要别人怎样对待自己，你就要怎样对待别人。"改变我们身边的气氛很简单，从今天开始，只要我们在上学时主动地对他人点头致意，微笑着大声说出"早上好"这句话，放学时再真诚地说声"明天见"，那么，我们一定会得到同学回应我们的友善与关心，让我们的心情变得更好！

严于律己、宽以待人，是我们青少年在成长的过程中必须要学会的交际法则和自我约束能力。"严于律己"是一种严谨求实的学习态度，是一种积极向上的精神；"宽以待人"是一种谦逊有礼的风貌，是一种胸怀宽广的品质。只有做到这两点，才能真正体现出一个人完美的精神风貌。

严于律己要求我们对待自身要严格认真、一丝不苟，不论做什么事情，都要力求做到最好，尽自己最大的努力宽以待人要求我们做事问心无愧、坦坦荡荡，在先人后己的同时，还要学会换位思考，宽容地对待他人。只有把严于律己和宽以待人有效地结合起来，才能够成为优秀的人才。

宽容他人，快乐自己

有一位名人曾讲过这样一句话："生别人的气，就等于拿别人的错误来惩罚自己。"

宽容待人能化解矛盾。人的一生总是坎坷的，在这一生之中我们难免会因为一些事与别人发生争执。有的人认为自己是正确的，便毫不客气地与对方进行"交锋"。直至双方争执到面红耳赤；直至争执到对方理屈词穷、哑口无言时才肯罢休；如果是男生，也许还会大打出手。然而，结果又会怎样呢？也许两位同学多年建立的深厚友谊从此就出现了裂痕，严重的也许会发展到反目成仇。

这又何必呢？如果在事情发生之前，有一个人能主动宽容对方，主动向对方说声"对不起"，事情也许会有所改变。这样，你这种宽容待人的大度也许还会感化别人。这岂不是两全其美？

宽容待人能让人团结和睦。一个家庭有了宽容就会变得其乐融融；一个集体有了宽容就会变得团结友爱；一个国家有了宽容就会变得繁荣昌盛。古时，我国就已经有宽容待人这种美德的典范。像蔺相如，他为国家的利益着想，宽容廉颇对自己的百般刁难和侮辱，从而感化了廉颇，使得两人能齐心协力为国家做出贡献。

宽容待人等于快乐自己。宽容待人是一种幸福，是一种发自内心

的快乐。当我们宽容别人时，也许我们是强制住自己心中的怒气。但是，当我们看到别人感激的眼神和幸福的笑容时，我们的怒气也就会随之远去，取而代之的是我们愉快的心情。因为我们用大度去宽容了他人，我们让别人有了灿烂的笑容。这就是真正的快乐！

其实学会宽容待人并不难，只要我们细心去积累生活中的点点滴滴；只要我们在生气时冷静想一想；只要我们用一种宽容大度的态度去接受别人，那么久而久之，日积月累，我们自然就会发现，宽容是一股神奇的力量，它能让天下人都露出灿烂的笑脸。

在溺爱、娇惯中长大的我们，大都以自我为中心，不管发生什么事情，首先考虑的是自己的感受，很少去考虑他人的感受，心胸比较狭隘，经常会因为一点儿鸡毛蒜皮的小事与他人发生矛盾、争执，更谈不上理解和宽容他人了。

心理研究小组曾经对中小学生做了一次抽样问卷调查，其中有这样一个问题："当你讨厌的同学需要你的帮助，而你有能力帮助他时，你会帮助他吗？"调查结果显示，表示愿意帮助的小学生、初中生和高中生的比例分别是59.8%、41.7%和37%。

还有这样一个问题："对于过去欺负过你或严重伤害过你的人，你会怎么办呢？"调查结果显示，有将近24%的学生表示很难原谅或绝不原谅，只有29.9%的学生表示会原谅，剩余的孩子则表示会原谅但不会忘记。

从这份调查结果中可以看出，从小学阶段到高中阶段，愿意帮助讨厌的同学的人数是递减的；有将近1/4的孩子不会原谅曾经欺负过或伤害过自己的人，还有将近一半的孩子虽然从表面上原谅了对方，但是却仍会记在心里。而更可怕的是，有的孩子受到了伤害，不仅无法原谅、宽容他人，而且还会产生怨恨心理，甚至想办法报复他人。

同学之间发生矛盾、摩擦是不可避免的，完全可以通过正常的途径来解决，怎么会产生如此强烈的报复心理呢？当我们将来走上社会，可能会面临更多矛盾、冲突，如果大家都不能相互谅解和宽容对方，那社会就不会安定、团结。

当我们无法宽容他人，并且以报复的心态去面对时，就会陷入无休止的烦恼之中，最终导致仇恨越来越深，既解决不了问题，又会堵死前进的道路。事实上，只有以一颗宽容的心去面对，才能化解矛盾，才能使前进的道路越来越宽广、越来越顺畅，而自己也会变得更快乐。

宽容就像一缕阳光，给我们带来了快乐、温暖，还有积极向上的人生态度。我们一旦拥有了宽容心，就具有了人际交往的一种大智慧，自然会赢得其他同学的喜爱和尊重，人生也会变得更精彩、更有意义。

美丽的人生少不了宽容，有了宽容人生才会更加美丽。只有宽容待人，我们才会发现原来世界是这般美丽；只有宽容待人，我们的生活才会充满阳光；也只有宽容待人，我们才会真正快乐到永远。

用爱温暖周围的人

著名作家罗曼·罗兰曾说："爱是生命中的火焰，没有它一切会变得黑暗。"

有人说：爱是理性的太阳，温暖着人群，照耀着世界，爱是感情的江河，浇灌着今天，滋润着未来。爱是无微不至的关心。

现实生活中，我们青少年应该多给别人一点关爱，有时候，长久的怨恨就在充满真诚的微笑中消散了。

给别人一点关爱吧，也许一句微不足道的话语，就可以让荒芜已久的心田中绽放绚丽的花朵。俄国一位作家也曾经说："爱一个人，意味着要为他的幸福而高兴，还要为他能够更幸福而去做需要做的一切。"

一个从战场归来的士兵从旧金山（圣佛朗西斯科）打电话给他的父母，告诉他们："爸爸妈妈，我回来了。可是我有个不情之请，我想带一个朋友同我一起回家。"

"好啊，我们欢迎他！"他们回答，"我们会很高兴的。"
儿子又继续说下去："可是有件事我想先告诉你们。他在战争中受了重伤，少了一条胳膊和一条腿，他的家人不愿意接纳他，他现在走投无路了，我想请他来和我们一起生活。"

"儿子，真的好遗憾，也许我们可以帮他找个安身之处。"父亲接着说，"儿子，你知不知道自己在说些什么？像他这样的残障人会给我们的生活带来很大的负担。我们还有自己的生活要过，不能就让他这样破坏了。我建议你先回家，然后忘了他，他会找到属于自己的一片天空的。"

听到这里，儿子挂上了电话，从此以后他的父母就再也没有他的消息了。

过了几天，这对父母接到了来自旧金山警局的电话，警察告诉他们，他们亲爱的儿子已经坠楼身亡了。于是他们伤心欲绝地飞往旧金山，在警方的带领之下辨认儿子的遗体。令他们震惊的是，儿子居然只有一条胳膊和一条腿。原来先前儿子所说的朋友正是他自己。

爱是人的一种基本需要，生活中缺少爱必然会给人带来烦恼等一系列消极情绪。我们常常会发出这样的疑问：爱是什么？其实，爱是关心，爱是理解，爱是无私的奉献。

人的一生不能没有爱，有了爱的生活才是美好的生活。我们应该爱自己的亲人、朋友，更应该去爱周围的人，爱整个社会和全人类。

倘若一个父母只爱自己的孩子，却丝毫不关心、不爱其他的人，对其他的人表现得很自私，甚至残忍。这就是一种自私的爱，也可以说是一种虚假的爱，同时，这种爱也是一个悲剧。我们应该丢弃这种狭隘的爱。

爱是真诚的、纯洁的。爱可以让秃枝长满鲜果，爱也可以让受灾的群众重新唱起欢乐之歌。爱是一种无私的奉献，爱是纯洁而美丽的，爱是宽容又和谐的……总之，只要你真心付出爱，就可以拥有别人给予的爱。

奉献他人，收获快乐与满足

蜡烛有牺牲自己的奉献精神，它愿意传递光明，愿意不断燃烧下去，直至成为灰烬，温暖周围的一切。

每一个正直善良的人都是一支蜡烛，他们愿意为人类的美好、祖国的昌盛、企业的兴旺、家庭的幸福去做出一番事业，不断奉献自己，释放出"耀眼的光芒"。

绿叶的一生虽然短暂，可是它的整个生命都在尽其所能地为别人着想，为别人服务。春季，叶子刚刚发芽，嫩绿的外衣给大地带来春的消息，把沉睡已久的大地装点得生机盎然；夏季，枝繁叶茂，浓密的叶子成为人类天然的保护伞，阻挡了强烈的紫外线；秋季，老叶悄然落下，给来年的新叶提供了表现自我的舞台；冬季，叶子融入大地，为树木今后的成长提供了养料。

它不求名，不图利，默默无闻地为别人奉献了自己短暂的一生，这种精神多么可贵呀！正因为具有这种精神，它短暂的生命才变得光辉灿烂！

奉献是一种精神，奉献是美好的，也是美丽的，具有奉献精神的人在"给予"别人的同时，自己也在收获着快乐。

　　没有火柴自我燃烧的奉献，哪来蜡烛"燃烧自己，照亮别人"的美誉；没有根甘愿伸向泥土，许下永不见阳光的诺言，哪来一棵棵参天的古木；没有鲜花自我结束芳香的奉献，哪来枝头的果实累累……当你取得成功时，不要忘记，你的成功源自别人的奉献。

　　很多人都认为，自私是这个世上一切不幸的根源。那些贪欲强的人，往往为了满足自己永远不满足的"胃口"，绞尽脑汁，不停地去投机钻营，到头来却发现自己是被关在自建的监狱中的囚犯，伴随着自己的只是失落与悲伤。

　　因此，只要是我们能够奉献力量的事情，就不要吝啬自己的力量。不断地奉献自己，只会让我们变得更加有力量，而不会损失一丝一毫，我们在为别人送去快乐时，也为自己带来快乐。

　　赠予别人要慷慨些，那样，我们完全可以心安理得地享受善意带来的快乐。行善是美丽的，感恩也是美丽的，行善和感恩都是让人快乐的。让自己生命的能量化作亮光，既照亮别人，也让自己在光明里前进。"润物"是一种奉献：牺牲自己，滋润他人。"无声"表明奉献时的情态：只在乎所出，不在乎所得。难怪杜甫喜春雨，古今贤人都把春雨的这种精神融合到自己的为人处世之中。

　　奉献是一种美，是一种生命的感动。如果人不懂得奉献，还有什么资格去追求美呢？青少年朋友，成为什么样的人全由自己的行为决定。只有乐于奉献，才能使自己的精神得到净化，使整个人生更加完美。相信，只要我们辛勤耕耘，乐于奉献，我们的明天将变得更加灿烂、辉煌，我们的生命也必将在奉献中得到升华，我们的人生也因奉献而美好。

在奉献中体会爱的真谛

微软公司创办人比尔·盖茨在接受英国广播公司访问的时候表示，他将把自己580亿美元的财产全数捐给名下的比尔与美琳达·盖茨基金会，一分一毫也不会留给自己的子女。

比尔·盖茨"裸捐"的壮举，给我们上了非常具有震撼意义的一课。比尔·盖茨的"裸捐"给我们青少年带来了重要的启示，主要有以下三点：

第一，该如何拥有正确的财富观？

比尔·盖茨曾经说过这么一句话，捐献名下的财富，不仅是巨大的权利，也是巨大的义务。他的富豪同胞钢铁巨头安德鲁·卡内基也说："在巨富中死去是一种耻辱。"

石油大王洛克菲勒则称，多挣钱为的是多奉献。相信人们如果能理解这种价值取向，就会明白比尔·盖茨"裸捐"其实是再正常不过的事了。几乎每一个倾心于慈善的富豪都有这样的认知。

第二，该如何对待财富代际转移？

古语说："黄金满盈，不如遗子一经。"然而，很多富豪却并没有这样的概念，更多的富豪将毕生建立的商业帝国悉数传给子孙。有学者在对一些富豪做调查的过程中发现，家产越多，越希望孩子接班。虽说对于这种财富代际转移法谁也不宜置喙，但是，正如比尔·盖茨所说的，将财富全部留给子女，肯定不是"最能够产生正面影响的方法"。

第三，该如何保证善款得到善用？

比尔·盖茨的"裸捐"，不仅是一种无私奉献精神的高度体现，而且也表明了他对基金会的高度信任。我们知道，为了保证善款能用得其所，比尔·盖茨夫妇不仅为基金会制定了许多规定，还明确表示欢迎外部监督，甚至鼓励举报者直接向司法机关检举。

以上三点对于我们来说是非常好的启示。

在比尔·盖茨看来，捐献巨额的财富既是公民的权利，也是公民的义务。孟子在很早的时候就说："达则兼济天下。"作为新一代的青少年，我们要知道人生的价值在于奉献，奉献是用爱心铸就的一道彩虹，五颜六色，清新靓丽，带给人们温馨与快乐。让我们投身到乐于奉献的团体中吧，从现在做起，从自身做起，在奉献中体会幸福的真谛！

第五章　不忘自尊和自强

　　所谓自尊，就是我们所说的自我尊重，不向别人卑躬屈膝，也绝不允许别人歧视侮辱。自强是青少年努力向上，对美好未来不懈追求的动力，是青少年在残酷的现实中拼搏的中流砥柱。拥有了自尊和自强的优秀品格，就等于取得了通向成功的通行证，青少年可以怀着对理想的憧憬和向往，一往无前。

感受自尊带来的快乐

在我们的生活中，人人都有不如别人的地方，比如长得不漂亮、身材不够标准，甚至有生理缺陷等。只要我们不气馁，不灰心，不放弃，自己相信自己，自己看得起自己，自己尊重自己，我们就可以通过进一步的努力，找到自己的人生价值，赢得别人的尊重，感受自尊的快乐。

自尊与快乐

曾经有人这样说过："做人有四点是绝对不可以缺少的，那就是自尊、自信、自爱、自强。"其中"自尊"放在了第一位。一个人首先必须尊重自己，不向别人卑躬屈膝，也不容许别人歧视、侮辱。当然也要维护他人的自尊，因为自尊无价。

不仅如此，自尊还会给人带来快乐，因为一个人如果没有了自尊，那么，他的生活也必定会失去乐趣。因为缺乏自尊，所以别人就会认为他懦弱，好欺负，就会歧视他，侮辱他。要想得到他人的尊重，首先要自尊。

自尊对于青少年来说是至关重要的，它可能会使青少年不断地追求进步，并从进步中感受到自尊带给自己的快乐。

青少年必须懂得如何让自己获得快乐，那么要想获得快乐，就得先拥有自尊，这是至关重要的。美国密歇根大学的研究者在对快乐的研究中发现，生活满意与否的最好指标不是对家庭生活、友情或者收入满意，而是对自我是否满意。对自我满意与否来源于自尊的获得。

自尊与自信

青少年朋友，如果我们仔细观察身边一些快乐的人，就会发现，他们都是一些拥有自尊和自信的人。心理学家指出，自尊和自信是持续快乐的重要因素。

换言之，如果一个人在内心深处失去了自尊和自信，那么他将不会感到真正的快乐。

纵观历史上的大人物，他们无一不是经历了人生的大起大落。可是，他们都能够从容地面对，沉着冷静，这是因为他们对自己的信念充分肯定，充满了自尊和自信。有些人总是习惯自我贬低，这是一种对身心极具破坏力的消极态度。

这不仅打击我们做事的自信心，还会扼杀我们的独立的精神和人格，使我们整天萎靡不振，找不到生活的方向，彻底丧失了自我。而且还会让我们失去享受美好生活的能力，因为我们会躲躲闪闪，不敢

正视生活，不管到哪里，总是不敢面对别人的视线，总是觉得自己做得不好，那么我们将不能安心地发现和享受生活中的快乐。

在生活当中，如果我们始终保持对自己的赞许之心，始终充分欣赏自己的生活，诚实、热情、真诚地面对生活，我们就会感到无比快乐。

在学习当中，自尊和自信帮助我们更有效地行动。当我们接到老师分配给自己的工作的时候，我们是否觉得有一点吃力，有一点恐惧，担心自己不能很好地完成，害怕会因此被别的同学轻视呢？

如果我们是这样想的话，那么我们很难把事情完成，只有当我们抛开这些顾虑，相信自己，并专注地去解决问题时，我们才可能成功。只要我们拥有自尊和自信，我们就什么都可以做到，什么都能够实现。自尊究竟是怎么样获得的呢？很简单，就是由于自信。我们获得了自尊的快乐，那么，我们必定会从自信中得到自我认可。

虽然每一个人都是独特的不同个体，但是，有一个基本信念却是恒久不变的，那就是不管你做什么，保持积极正面的态度，拥有自尊和自信，认清自己的梦想，都是获取成功最基本的条件。

为自己奏响自强之曲

自古以来，凡是有志气、有本领的人，必定是自强不息的人。老一辈常常教导我们"少壮不努力，老大徒伤悲""老骥伏枥，志在千里"，我们的祖先更是以自强不息的精神历经磨难、艰苦奋斗，创造了伟大的东方文明，使中华民族屹立于世界民族之林。他们矢志不渝、刻苦勤奋、拼搏向上、自立自强的精神品质都是我们青少年必须学习的。

自强是战胜困难的法宝

纵观古今中外，那些有成就的科学家、艺术家、文学家无不有着坚定的必胜信念，有着艰苦奋斗、顽强拼搏的精神，有着百折不挠、奋发向上的毅力。

古人云："天将降大任于斯人也，必先苦其心志，劳其筋骨，饿其体肤，空乏其身，行拂乱其所为，所以动心忍性，增益其所不能。"

每一个人无论做任何一件事都是不容易的，都要付出很多的心血和努力。常听人们说成功太难！难在哪里？是不好的环境，还是事情不易办成？其根本的原因不是这些，而是缺乏一种战胜困难的心理、一种自强的勇气。

安逸无忧、一帆风顺的生活谁都向往，但不幸和困难却是人生中不可避免的，但也正是这种种的困难，使我们青少年在成长的道路上学到了许多老师、父母无法教给我们的东西。人只有在挫折面前永不低头、自强不息，才能获得真正的成功。

所有自强的人都对人生理想有着执着的追求，他们坚信"天生我材必有用""前途是自己创造出来的"等信条。他们藐视困难，面对人生激流中的暗礁与险滩，奋勇搏击，不懈努力；面对挫折和失败，坚强地站起来，用自己的毅力、勇气和智慧去克服，即使外面的世界是漆黑一片，在他们的眼中，看到的依然是群星璀璨和明丽的阳光雨露。

培根曾说过："人人都可以成为自己命运的建筑师。"

做一个自强的人

自强是所有人走向成功不可或缺的品质，更是青少年应该拥有的一种精神。但事实上，我们常会听到，有的父母抱怨自己的孩子依赖性太强，自己能做的事情不去做，不会做，全依赖父母；有的父母抱怨孩子没志气，缺乏上进心，做事没毅力；有的父母抱怨孩子经不起一点困难和挫折，总是知难而退；还有的孩子总是贪玩，学习时无精打采，甚至厌学、逃学……其实这些都是缺乏自强自立精神的表现。

自强的精神之所以可贵，是因为自强者都是依靠自己的拼搏奋斗，而不是他人的提携去获得成功；自强是坚持不懈地发奋努力、永无止境地执着追求，自强还是能与时俱进、开拓创新，能不断革故鼎新、应时以变，以致步入更高更强的境界。青少年应该怎样来培养自强的品质，让自己拥有这个可以促进成功的法宝呢？

（1）自主自立

无论在生活上还是在学习上，凡事要靠自己，不依赖别人。自己对自己负责，自己承担起对自己的责任。

俗话说"自力更生"，清代著名画家郑板桥告诫儿子："流自己汗，吃自己饭，靠天、靠地、靠父母，不算是好汉。"

我们每个人的命运都是掌握在自己手中的，一个人在成长中依靠自己的力量，把争取个人正当的利益和幸福放在自己的努力基础之上，才能提高自身的能力，让自己得以发展。特别是在身处逆境的情况下，更要靠自己，因为，别人的帮助只有在自己努力的基础上才能有所作用。

（2）自勉自律

自勉，就是勉励自己，自己鼓舞自己，自己激励自己；自律，就是能克制自己、战胜自己的弱点，激励自己不断前进。在遇到困难时，要懂得自勉，让自己作为自己的动力源，开发出自我最大的潜能。要懂得自律，困难并不可怕，怕的是战胜不了自己内心的恐惧。

人最大的敌人是自己，如果能保持清醒和理智，做出正确的选择，保持坚定的意志和坚强的决心去战胜自己，那还有什么困难解决不了呢？

我们青少年被誉为"祖国的花朵"，冬去春来，花开花谢，再美的花朵总有一天会凋零，可有的花能结出果实，造福人类；有的花徒有其表，无果而终。

所以，青少年朋友，在这个花季里，从现在开始，做个自强的人，为结出硕果而努力！带着自强，在属于自己的舞台上，尽情地展示自己，在通往成功的人生路上印下一个个坚定而稳健的脚印，舞出时代最炫目的舞姿来！

自强自立，不依赖他人

"习惯形成性格，性格决定命运。"我们青少年在学习和生活中要养成良好的习惯，学会自立，让自己变得自强起来。而良好习惯的培养也是一个不可忽视的过程，它要求我们在生活中从点点滴滴做起。习惯若不是最好的仆人，便是最差的主人。因此，青少年要从生活的细节做起，养成让自己更自强的好习惯。

易卜生说过："世界上最坚强的人就是独立的人。"这话很有道理，因为自立的人才会有所作为，自立的国家才会不受欺负，实现繁荣富强。

众所周知，在大自然中遵循的法则是"适者生存"。只有很好地掌握了生存法则的人，才能比较迅速地适应环境。雏鹰的成长能给青少年们带来这方面的启发：

> 雏鹰成长为雄鹰是一件十分残酷的事情。鹰妈妈给了雏鹰第一次生命，然而第二次、第三次生命却要靠雏鹰自己争取，因为在鹰家族中，每一只雏鹰要成长为雄鹰，都必须经历多次"鬼门关"的考验，过了这些坎，才能获得重生。
>
> 雏鹰的第一次飞翔，是关乎生死的大事。一般鹰巢都筑在大树上或悬崖上，而初次飞翔的雏鹰没有任何防御能力，它们一旦飞翔失败，跌落到地上，就会成为狼、狐狸等动物的美食，生还的机会几乎等于零。
>
> 所以，雏鹰必须凭借坚忍的意志奋力地拍打着翅膀向天空飞翔。这个过程它只能依靠自己。

每一只雏鹰都必须学会展翅高飞，这也是它们得以生存的必要条件。雏鹰在练习的时候必须具备自立自强的坚韧意志，否则在历练时尤其是鹰妈妈要把雏鹰推下山崖之时就难保生存了。人类亦然，自强自立至关重要。

一位父亲，因为有一次他的女儿7岁时上街迷了路，这位父亲找了很久才找到，他看着女儿说："爸爸再也不让你出门了。"

从此以后，他的女儿不能上学，所有的事父亲都不让女儿干。现在他的女儿30多岁了，但是智力还相当于7岁的孩子，根本无法自立。

这个案例无疑说明了自立自强的重要性，缺乏此类特质的人在社会生活中必然无法立足。

所以我们青少年要坚决摈弃依赖思想。在当今社会，有一些年轻人具有极大的依赖思想，他们被称为"啃老族"，"大啃"社会，"小啃"父母，整天游手好闲。这些游手好闲的人，他们大事做不来，小事又不愿做，整天无所事事，这样的人极其缺乏自立精神，他们不能独立生存，要依赖父母或社会。

然而，父母不能照看我们一辈子，别人的支援也是有限的，自己的本领才是无限的。我们青少年要引以为戒，必须学会自立、学会自强，不要成为别人的包袱。这样才不会被社会所淘汰。

从进幼儿园老师就教导我们"自己的事情自己做"，到现在，我们都已长大，就更应该自强、自立，努力学习，争取为社会做贡献。

正视错误，承担责任

常言道："智者千虑，必有一失。"一个人再聪明，也总有失败、犯错误的时候。人在面对错误时，往往有两种态度：一种是拒不认错，找借口辩解推脱；另一种是坦然承认错误，勇于改正，并找到解决的途径。

古训云："见善则迁，有过则改""金无足赤，人无完人"。我们青少年在学习和生活中，由于知识和生活经验的不足，犯一些错误是难免的。要记住：有错误并不可怕，可怕的是犯了错误却没有勇气承认，没有改正错误的决心。

只要能诚恳地承认错误，及时地改正错误，在承认错误的基础上，在改正错误的主观愿望下，不断吸取别人的优点和长处，错误才会升格为锤炼品格、提升境界的契机。

很多青少年在面对自己所犯的错误时，往往不愿意承认自己的过失，还寻找各式各样的借口，试图逃避自己应承担的责任。如果我们第一次不及时改正错误，那么很可能会第二次犯同样的错误，长此以往，错误会越积越多，失败也会越来越多。

所以，青少年应在一开始的时候就将寻求借口的路堵死，勇敢地面对错误，承担责任，这样才会从错误中吸取教训，从失败中学习和成长。

古人云："人非圣贤，孰能无过？"实践证明这是一条真理。试想：世上每个人谁能保证自己一生不会犯错误？所以，作为一名青少年，没有必要害怕犯错误，关键在于我们如何对待错误。一个敢于承认错误、勇于承担责任的人是值得信赖和尊重的。

做一个诚实的人远比做一个优秀的人更重要。英国诗人塞缪尔·科尔里奇曾教导自己的儿子："当你做错事情的时候，就应该像个男子汉一样立刻承认错误。你的抱歉也许体现出你的愚拙，但是，人们却能够由此知道你是一个非常诚实的人。一粒诚实，要远比一磅智慧强得多。我们可能因某人的聪明和智慧而羡慕他，但我们更因他所具有的美好品质而尊敬他、爱戴他。"

德国著名作家歌德说过："最大的幸福在于我们的缺点得到纠正和我们的错误得到补救。"

英国的生物学家达尔文也曾说过："任何改正都是进步。"

青少年朋友应该记住这些伟人总结出的经验——勇于承认错误，敢于承担责任，做一个对自己负责任的人！

一次，丹麦物理学家雅各布·博尔不小心打碎了一个花瓶，但他没有一味地悲伤叹惜，而是俯身精心地收集起了满地的碎片。他把这些碎片按大小分类称出重量，结果发现：10克至100克的最少，1克至10克的稍多，0.1克至1克和0.1克以下的最多，同时，这些碎片的重量之间表现为统一的倍数关系，即较大块的重量是次大块重量的16倍，次大块的重量是小块重量的16倍，小块的重量又是小碎片重量的16倍……

于是，他开始利用这个"碎花瓶理论"来恢复文物、陨石等不知其原貌的物体。雅各布·博尔的这一发现给考古学和天体研究带来了意想不到的效果。

大千世界，芸芸众生，哪个人不曾犯过错误呢？面对错误，有人跺足捶胸，悔恨自己浪费时光与精力错失了大好时机；有人像扔掉一张废纸一样，将错误顺手一"扔"，看都不看一眼；只有那些独具慧眼的人，才能透过错误的表象，发现蕴藏其中的经验、教训乃至智慧并因此而受益终生。

所谓"吃一堑，长一智"，是经验的总结，是智慧的积累，是跌倒后爬起来的人对过去和未来的思考。错误和挫折教育了人们，使人变得聪明起来。

善于吸取教训，是自我总结的过程，也是一个学习的过程。人们在不断地总结自己的生活经验和他人的失败教训的同时，使自己的思想境界不断地得到提高，能力不断地提高，人生不断地走向成功。

那么，青少年该如何从错误中吸取经验和教训，使个人得到成长和进步呢？

站在客观的角度认知与接纳错误

生活中的每个人都会或多或少地犯过错误，有趣的是，当人们越是不能客观地认识、接纳错误时，它就越会牢固地吸附在我们身上，与我们作对。而如果你允许自己犯错误，并真诚地承认它、接纳它，它就会逐渐地远离你。

善于调整、控制自己的情绪

在错误面前，有些人常常感受到负面的情绪体验。殊不知，这恰恰是情绪带给人的意义：它提醒人们要注意这个问题，要采取行动去解决它。情绪具有推动力，这也是错误能够推动人们前进的原因。

直接学习

在生活中，人们通过身体力行体会到的第一手经验，可为今后的生活提供极为有益的借鉴。

在错误面前，青少年朋友要保持良好的精神与心理状态。要明白，无论什么事情都有两面性，关键是我们在看到不好的一面时，找到和提炼出一些具体的改进方法，从而总结经验，一步步向前迈进，最终摆脱自己心灵的枷锁。

拥抱困苦，变得更坚强

当我们的眼前出现困难时，我们该以怎样的态度去驾驶生命的小舟呢？是让它迎风破浪，驶向彼岸呢，还是让它止步不前，最终搁浅呢？当然是尽我们所能地向前进！用坚忍的意志，拿出我们非凡的勇气，以百折不挠的精神去面对。只要我们能做到，相信我们终会在山重水复疑无路的时候见到柳暗花明又一村，做到这些，我们不仅会冲出困境，还会目睹会当凌绝顶、一览众山小的壮观。

青少年朋友，一定要学会追随成功者的脚步。中国电子商务网站的开拓者，中国网络经济巨人——马云，这个曾自称自己脑子笨，算也算不过人家，说也说不过人家的人。他的成功经历过多少困境，而他在困境中又经历过什么？

马云小时候学习不出众，倒是以调皮捣蛋出名，从小学到中学，瘦弱的他，因为打架，不止一次在学校受到处分，马云的父母、老师对他的未来没有抱任何希望。

在这样的情况下，他经过三次考试终于考进了杭州师范学院，当时他只过了专科线，后来由于本科未招满他才进了本科班。在别人流利的英语中他总是不知所云，常常是别人为一些谈话而笑声不止，他却不知别人为何而笑。

于是马云下决心要把学习赶上去，从此，他像变了一个人似的，以前的毛病在他的身上再也看不到了，他把自己所有的精力都放在了学习上。

为了提高自己的口语和听力，马云坚持每天清晨跑到西湖边找老外聊天，一有空就一个人跑到宾馆门口跟老外对话。其他的时间他都在背单词、学语法，有时常常是前边刚背完后边就忘了，他就坚持反反复复、一遍遍地背。

通过这样的坚持，马云渐渐地走出了困境，成绩也一步步地提升了。最后，他在毕业时成为毕业生中唯一一个被分到大学里当老师的学生。六年后一次偶然的机会，马云接触到了互联网，而当时他对此还一窍不通，但他却意识到这是一座金山。马云毅然辞去了教师的工作，租了间房，用2万元的启动资金与一个学自动化的伙伴加上妻子三个人开始了创业。

马云知道自己这次面临的是一个更大的挑战、更大的困境、更陌生的领域，但他仍然用坚忍的意志去面对。

首先还是学习。马云买来资料从开关机学起，开始了没日没夜的学习，每一天都是在电脑和书堆旁度过，渴了就喝点白开水，饿了就泡袋方便面。

就这样在他不断地学习和努力后，他的第一家互联网公司/海博网络成立了。1996年，公司的营业额不可思议地跳跃性增长。之后他又加盟EDI中心，创办阿里巴巴网站等。

马云甚至起初他根本不懂互联网技术。但是最后他成功了，其成功的背后是什么我们可想而知。请记住，困境面前不是没有路，而是我们没有发现路，如果我们能尽己所能地冲过去，那么我们就会惊奇地发现，原来出路就在自己的脚下。

大学时的马云在成绩很糟糕的情况下，勇敢地面对困境，通过自己的努力走出了最黑暗的时光，迎来了自己崭新的人生。而当互联网的困难再次迎面而来时，他又是用同样坚定的信念，从困境中走了出来。他这种困境面前不退缩、勇敢面对的精神正是我们所要学习的。

不在困境中驻足

"人生不如意事十之八九"，人总有面对困难的时候。而当困难来临的时候，有的人陷入惶恐、焦虑、悲痛等心理中无法前行，但有的人却相信总有一条路是属于自己的，不放弃、不抛弃，努力地走下去。只有勇往直前的人才能在努力后得到成功，驻足的人只能一直在原地痛苦着。

引导自己

学会自我引导，告诉自己只有勇于突破才有坦途，只有敢于面对才能成功。自己的人生自己做主，不给自己退缩的机会，激发自己的斗志，用一颗奋发向上的心努力前行。这样我们一定能突破一个个困境，走向成功。成功后，我们会觉得困境中的自己是那么的可爱，那种拼搏的劲头是多么让人骄傲。我们会感谢困境，是它让我们看到了自己的力量是多么的势不可挡，是它让我们证明了自己的能力。

挖掘自己的潜力

困境面前最需要的就是挖掘自己的所有潜力，困境中是最能激发自己斗志、挖掘自己潜力的时候。这时我们会拼命地努力要证明自己。在这样的努力中，人的潜力会被一点点地挖掘出来。我们应该感谢困境和挫折，因为是它们让我们发现了自己的潜力这么大。

总之，只要我们青少年有坚忍的意志，有坚定的信心，有不屈不挠的精神，困境就不可怕。